网络信息安全管理研究

许绘香 著

北京工业大学出版社

图书在版编目（CIP）数据

网络信息安全管理研究 / 许绘香著 . — 北京：北京工业大学出版社，2019.11（2022.5 重印）

ISBN 978-7-5639-7055-1

Ⅰ . ①网… Ⅱ . ①许… Ⅲ . ①计算机网络－信息安全－安全管理－研究 Ⅳ . ① TP393.08

中国版本图书馆 CIP 数据核字（2019）第 236116 号

网络信息安全管理研究

著　　　者：许绘香
责任编辑：刘　蕊
封面设计：点墨轩阁
出版发行：北京工业大学出版社
（北京市朝阳区平乐园 100 号　邮编：100124）
010-67391722（传真）　　bgdcbs@sina.com
经销单位：全国各地新华书店
承印单位：三河市明华印务有限公司
开　　本：710 毫米 ×1000 毫米　1/16
印　　张：10
字　　数：200 千字
版　　次：2019 年 11 月第 1 版
印　　次：2022 年 5 月第 3 次印刷
标准书号：ISBN 978-7-5639-7055-1
定　　价：52.00 元

版权所有　　翻印必究

（如发现印装质量问题，请寄本社发行部调换 010-67391106）

前　言

　　计算机信息安全问题涉及每一位网络用户，需要大家共同参与并了解，做好信息安全防护工作。保护信息安全除了需要先进的技术（设备）之外，更需要相关的技术管理和安全的组织行政管理，而后者应该是重中之重。网络安全管理正逐渐成为网络管理技术中的一个重要分支，使得网络安全管理系统呈现出从通常网络管理系统中分离出来的趋势。在构建安全的网络环境之前，必须清楚网络信息安全的需求。网络管理人员应该能够洞察常见的信息安全威胁和攻击手段，掌握网络信息安全相关技术。

　　本书第一章为绪论，主要阐述网络信息安全概述、网络信息安全管理概述等内容；第二章为网络信息安全需求，主要阐述业务需求与技术、网络信息的安全威胁以及网络信息的安全攻击等内容；第三章为信息技术的发展与网络空间信息安全，主要阐述信息技术发展与网络空间构建、网络空间信息安全等内容；第四章为网络信息安全与对抗技术，主要阐述网络信息与对抗理论、网络信息对抗过程与技术等内容；第五章为网络病毒防范技术，主要阐述计算机病毒概述、木马攻击与防范以及蠕虫病毒攻击与防范等内容；第六章为计算机软件安全技术，主要阐述计算机软件安全技术概述、软件防拷贝技术、防静态分析技术、防动态跟踪技术、软件保护与工具等内容；第七章为电子商务安全技术，主要阐述电子商务的安全要求、电子商务的网络安全技术、交易安全技术、电子商务交易的安全标准等内容；第八章为计算机网络管理，主要阐述网络管理的产生与作用、网络管理模型与标准、网络管理系统、现代网络管理的取向等内容。

　　为了确保研究内容的丰富性和多样性，作者在写作过程中参考了大量理论与研究文献，在此向涉及的专家学者表示衷心的感谢。最后，限于作者水平，加之时间仓促，书中难免存在不妥之处，在此，恳请广大读者批评指正。

目 录

第一章 绪 论 ······ 1
第一节 网络信息安全概述 ······ 1
第二节 网络信息安全管理概述 ······ 13

第二章 网络信息安全需求 ······ 25
第一节 业务需求与技术 ······ 25
第二节 网络信息的安全威胁 ······ 26
第三节 网络信息的安全攻击 ······ 37

第三章 信息技术的发展与网络空间信息安全 ······ 47
第一节 信息技术发展与网络空间构建 ······ 47
第二节 网络空间信息安全 ······ 65

第四章 网络信息安全与对抗技术 ······ 75
第一节 网络信息与对抗理论 ······ 75
第二节 网络信息对抗过程与技术 ······ 82

第五章 网络病毒防范技术 ······ 107
第一节 计算机病毒概述 ······ 107
第二节 木马攻击与防范 ······ 118
第三节 蠕虫病毒攻击与防范 ······ 125

第六章 计算机软件安全技术 129
第一节 计算机软件安全技术概述 129
第二节 软件防拷贝技术 138
第三节 防静态分析技术 139
第四节 防动态跟踪技术 142
第五节 软件保护与工具 143

第七章 电子商务安全技术 147
第一节 电子商务的安全要求 147
第二节 电子商务的网络安全技术 157
第三节 交易安全技术 160
第四节 电子商务交易的安全标准 166

第八章 计算机网络管理 169
第一节 网络管理的产生与作用 169
第二节 网络管理模型与标准 177
第三节 网络管理系统 183
第四节 现代网络管理的取向 186

参考文献 189

第一章 绪 论

计算机网络是信息社会的基础，经济、文化、军事和社会生活越来越多地依赖计算机网络。然而，因特网本身的开放性、跨国界、无主管、不设防、无法律约束等特性，在给人们带来巨大便利的同时，也给人们带来了一些不容忽视的问题，网络信息安全就是其中较为显著的问题之一。网络信息的安全正面临着日益严重的威胁。本章分为网络信息安全概述以及网络信息安全管理概述两部分。

第一节 网络信息安全概述

一、网络信息安全

网络信息安全指网络上的信息安全。从广义上来讲，只要是涉及网络上信息的真实性、完整性、保密性以及可用性与可控性的相关技术与理论，都属于网络信息安全的研究范畴。

网络信息安全具体来讲，就是网络系统的软件与硬件以及系统中的数据得到充分的保护，不会因为恶意的攻击或者是其他原因遭受破坏、泄露以及更改，网络系统可以正常运行，网络服务不会随意中断。

如果单从用户的角度来讲，任何人都不会希望自己的个人隐私或者有关利益的信息随意地披露在网上。网络信息安全就是要确保信息的完整性、隐私性以及真实性，避免他人随意盗取、更改信息，对用户造成不必要的损失。同时，我们也希望当我们的信息保存在某个计算机系统上时，不受其他非法用户的非授权访问和破坏。

如果站在网络运行和网络管理者的角度来讲，他们希望相关的网络操作得到合理的保护与控制，避免出现非法病毒侵害、网络资源的非法占用与非法控制等现象。

相对于安全保密部门来讲,他们对网络信息安全的理解就是针对国家机密的信息有威胁的情况,尽量减少,甚至是消除。国家信息的泄露,会对社会的发展产生严重的危害,还会对国家造成巨大的损失。

对于社会教育与意识形态的发展来讲,网络上不健康的内容会对社会居民产生消极的不良影响,也会影响社会的稳定与人类的发展,有必要对其进行监控。

可见,网络信息安全主要指基于计算机和网络的数字信息安全。网络信息安全问题是伴随着计算机网络技术和信息数据管理普及而产生的,随着全球信息化进程的日益加快,数字信息大量产生,已成为当代信息的主体,并从经济到文化,从工作到生活,从军事到政务等方面对社会生活和各行各业产生着巨大影响。随之而来的网络信息安全问题日益突出并成为各国社会无法回避的一个重大现实问题。

二、网络信息安全体系

(一)物理安全

物理安全主要涉及硬件设备和机房环境等各种物质载体,也可以理解为硬件安全。硬件设施是承载和实现信息系统功能的基本条件,因此物理安全也是最直接、最原始的攻防对象。不难想象,假如连服务器硬件都已经落入攻击者手里,再严密的防火墙策略、复杂无比的操作密码等实际上也形同虚设。

(二)系统安全

系统安全考虑的对象主要是操作系统,操作系统是计算机中最基本、最重要的软件,包括Windows/Linux/UNIX,以及路由交换设备的网际操作系统(IOS)等。操作系统承担着协调CPU、内存、磁盘存储等硬件资源,为用户提供应用环境和服务的核心任务,因此是信息安全中最核心的攻防对象。

系统安全的风险来自各种软件或所开放服务中的漏洞、忽视账号及权限的管理、弱口令,以及潜伏在各种应用程序、多媒体文件中的木马和病毒等。与物理安全不同的是,系统安全的缺陷往往一时难以发现,等到出现密码被盗、商业机密泄露等重大损失时,已经悔之晚矣。在网络环境中,网络系统的安全性取决于网络中每个主机系统的安全性,而计算机系统的安全性由其操作系统的安全性决定。没有安全操作系统的支持,就没有网络信息安全。因此,操作系统安全是计算机安全系统的基础。

（三）数据安全

数据安全考虑的对象主要是各种需要保密的文档信息。数据文档包含了直接面向用户的各种敏感信息，如私密照片、产品配方、客户资料等，通常可以独立存在，而不依赖于具体的硬件、系统或网络，因此电子数据的保护也是数据安全保护的重要环节。

公开的共享目录、未加密的文件夹、缺少有效的备份策略、误删除文件，以及明文提交的网页表单、访问授权的失控等，都是可能导致信息泄漏的触发点。当然，数据安全的防护等级取决于用户的需求，对于越重要、越敏感的数据资料，用户越应该采取强力的保护措施。

（四）网络信息安全

网络信息安全考虑的对象主要是面向网络的访问控制，如各种路由交换设备、服务器、工作站等。访问控制不是一个孤立的个体，它需要通过网络提供服务。排除掉物理攻击的情况，实际上99%以上的安全风险和攻击都来自网络。面向网络提供服务是实现信息系统功能的最主要的形式，因此如何鉴别合法、不合法的访问变得尤为重要，特别是对于那些用户群体庞大、面向人员复杂的应用系统，如网站、电子邮件、FTP服务器等，网络信息安全更是关注的焦点。

（五）人为因素

上述各种安全类别的介绍中，大都提到了对"用户""人员""权限"的控制。实际上，许多安全事故（商业间谍、网银大盗等）都是由人为因素造成的。安全领域有一个"社会工程学"的概念，指的就是利用人的信任、贪婪、好奇心等心理特点，通过交谈、欺骗、假冒甚至贿赂等手段来套取用户账号、特权密码、商业机密等敏感信息，从而对受害者的信息系统带来极大的安全隐患。因此信息系统中的人员管理、权限分配、安全审计等，也是不可忽视的工作。

1. 预防为主

企业网络的安全性要求比起个人计算机来说高出许多，所以在安全管理中一切要以预防为主，不能等到网络信息安全事故出现时才想办法去弥补。管理员应根据企业实际的需求制定出一套完善的解决方案。

2. 开展计算机安全使用培训

许多企业中普通计算机用户的安全意识不高，从而导致计算机系统被病毒袭击、有木马入侵。只有将普通计算机用户的安全意识提升到一定高度，企业实现真正意义上的安全才会有切实的保障。

3. 不访问可疑资源

大量的真实案例表明，钓鱼网站、恶意软件是造成用户密码泄露和数据丢失的罪魁祸首，所以，应时刻做到可疑的网站不访问、来历不明的软件不下载，并以此养成良好的上网习惯，这是保护计算机信息安全的第一道防线。

4. 不随意使用移动存储设备

U 盘、移动硬盘是计算机病毒的一个重要来源，也是企业重要信息泄露的一个重要途径。如果有用户将自己的移动存储设备带到企业使用，就极有可能使整个网络染上病毒；如果办公计算机存放了一些机密数据，就很可能被不法之徒复制导致数据泄露。

因此，最好在 CMOS 中禁用 USB 接口和光驱，并给 BIOS 设置密码，以此杜绝非法用户修改 CMOS 设置进入系统，或者禁止使用一些可能给系统带来安全隐患的设备。

三、网络信息安全体系结构

（一）网络信息安全体系结构的概念

网络信息安全体系结构是在 1989 年提出的，它的出现为计算机网络的安全提供了一个相对完整的安全框架。网络信息安全防范是一项相对复杂的工程，现代网络问题层出不穷，为了进一步确保网络信息安全，我们要制订相关的安全策略，开发安全技术，加强安全管理，形成网络信息安全体系结构。

网络信息安全体系结构就是关于网络信息安全防范的最高层概念的抽象，它由各种网络信息安全防范单元组成，各组成单元按照一定的规则关系，能够有机集成起来，共同实现网络信息安全目标。

（二）安全体系的机制

1. 与安全服务有关的安全机制

（1）加密机制

加密机制主要用于对存放的数据或者是数据流中的信息进行加密，可以单独使用，也可以与其他机制结合起来使用。加密算法可以分为单密钥加密算法与公开密钥加密算法。

（2）数字签名机制

数字签名由信息签字过程与对已经签字的信息进行证实的过程组成，对信息进行签字的过程使用私有密钥，对已经签字的信息进行证实的过程使用公开密钥。

（3）访问控制机制

访问控制机制是根据实体的身份与有关信息，确定最终实体的访问权限的。访问控制机制可以单独使用，也可以与其他几种机制相结合使用。

（4）数据完整性机制

在通信的过程中，发送方可以根据发送信息以外的信息，对其进行加密，然后发送出去。在接收信息时，接收者会接收到额外的信息，与接收到的额外信息进行比较，就可以分析出在发送的过程中，信息是否完整，是否被别人篡改，确保数据的完整与安全。

（5）认证交换机制

认证交换机制用于同级之间的认证，既可以使用认证的信息进行确定，也可以使用实体所具有的相关特征进行确定。

（6）公证机制

公证机制是第三方参与数字签名机制。它的前提就是通信双方对第三方的信任，否则就无法实现，这样就需要公证方，具备一定的加密能力。公证机制可以有效地预防收方伪造签字，或者是收方抵赖不承认已接收信息。

2. 与安全管理有关的机制

（1）安全标签机制

安全标签机制即给信息设置安全标签。安全标签用于显示信息在安全方面的保护程度，可以是隐藏式的也可以是显露式的，没有规定的限制，但是要与相关的对象结合在一起，在安全的前提下选择是隐藏式还是显露式。

（2）安全审核机制

安全审核机制用来弄清楚与安全有关的事件，在进行安全审核之前要确定是否有与安全有关的信息记录与必要的设备，还要确定是否具有对这些信息进行处理与分析的能力。

（3）安全恢复机制

安全恢复机制是在发生破坏行为后，采用相关的措施或者手段对被破坏对象进行恢复，使其建立与正常的安全状态相同的状态。安全恢复分为三种：立即、临时与长期。

四、网络信息安全体系结构的组成

维护网络信息安全的工作需要在网络信息安全组织、安全策略、安全运行体系以及网络信息安全技术的共同运作之下才可以取得效果。

维护网络安全的前提是要有一定的工作人员承担安全工作，规定责任与义务，还要制订相关的安全策略，明确工作的顺序与内容，确定安全组织，制订安全目标，选择合适的方法与形式实现安全目标，在执行的时候，要规范运作，将网络信息安全组织、策略、目标、技术等有机地结合起来，形成有效的网络信息安全体系结构。通过实际的运作，实现安全工作的最终目标。

无论是网络本身还是操作系统和应用程序，最终都是由人来操作和使用的，所以还有一个重要的安全问题就是用户的安全性。我们可以将网络信息安全体系划分为物理层安全、系统层安全、网络层安全和安全管理。

（一）物理层安全

该层次的安全包括通信线路的安全、物理设备的安全、机房的安全等。物理层的安全主要体现在通信线路（线路备份、网络管理软件、传输介质）的可靠性、软硬件设备（替换设备、拆卸设备、增加设备）的安全性、设备的备份、防灾害能力及防干扰能力、设备的运行环境（温度湿度、烟尘）、不间断电源保障等。

（二）系统层安全

该层次的安全问题来自网络内使用的操作系统。主要表现在三个方面：一是操作系统本身的缺陷带来的不安全因素，主要包括身份认证、访问控制、系统漏洞等；二是对操作系统的安全配置问题；三是恶意代码对操作系统的威胁。为了安全级别的标准化，美国可信计算机系统评价标准将操作系统的安全等级由低到高分成了 D1、C1、C2、B1、B2、B3、A1 四类七个级别。

（三）网络层安全

①路由系统的安全。
②网络设施防病毒。
③网络资源访问控制。
④数据传输的完整性。

⑤数据传输的保密。
⑥身份认证。

（四）安全管理

安全管理制度对整个网络信息安全的运行与发展有着重要的影响，明确安全管理制度，对相关部门的责任进行规范与划分，使负责网络信息安全的工作人员可以各司其职，这样就可以有效地减少不同层次的安全漏洞。

五、网络信息安全体系模型

在当今的网络环境中，确保信息的安全是十分必要的，对信息提供必要的安全机制与服务是合情合理的。信息的安全传输要确保发送的信息能够进行安全转换，可以采用信息加密，也可以给信息附加一些便于确认身份的信息验证，还要确保发送、接收双方可以共享具有机密性的信息，除去双方都信任的第三方，机密信息对与其他用户是保密的，不能共享。

上面提到的第三方，用来保证信息能够进行传输。第三方的主要责任是实现信息的传输，这种信息就是具有机密性的信息，如果发送和接收双方出现争议，第三方可以进行调节与仲裁。安全的网络通信需要考虑以下几方面的内容。

①使用信息转换的算法。
②秘密信息获取安全服务的协议。
③秘密信息的共享。
④信息转换的规则。

（一）P2DR 安全模型

1. 策略

不管是构建哪种类型的网络信息安全系统，都需要对网络信息安全等级有一个清楚的认知，评估网络信息安全风险。这样就需要制订相关的网络信息安全策略。策略体系的建立需要经过制订安全策略、评估安全策略、执行安全策略、反馈安全策略等步骤。

一般来讲，网络信息安全策略是由总体的安全策略与具体的安全规则构成的。分析网络信息安全的风险，从而制订网络信息安全策略，明确哪些资源需要受到重点保护，从哪些方面进行保护。

安全策略是该模型的核心所在，相关的措施都是围绕安全策略进行的。总体的安全策略是网络信息安全的指导思想与指导方针，具体的安全规则是在总体安全策略的基础上提出的具体的活动的规则,也就是指出了哪些活动是值得肯定的,哪些活动是不被允许的。

安全策略是安全管理的核心所在,要想推动网络信息安全的运作,就要制订网络系统安全策略,包括后续的防护、检测与响应都是在安全策略的范围内进行的,网络系统安全策略为安全管理提供必要的支持与方向。

2. 防护

对计算机网络系统中可能出现的安全问题,要有针对性地采取一些预防措施,经常使用的有主动防护技术与被动防护技术。主动防护技术有身份验证与访问控制等,被动防护技术有数据备份与物理安全等。

防护是该模型的关键部分,利用防护可以减少入侵事件。防护主要分为三种类型,如下所示。

第一,信息安全防护。信息本身的完整性与保密性,信息加密就是对信息的安全防护。

第二,系统防护。对于不同的操作系统的安全配置与使用或者大补丁,不同的操作系统有不同的防护措施与安全工具,并不是统一的。

第三,网络信息安全防护。网络信息安全防护就是对网络传输的安全与网络管理的安全进行防护。

3. 检测

如果有攻击者进入防护系统,检测系统就会检测出来,并确定入侵者的身份以及系统的损失。防护系统可以做到对一般的入侵事件的防护,但是不能保障对所有的入侵事件都可以进行阻止,对于一些新兴的入侵手段与方式,防护可能不能及时地进行反应。

一旦出现入侵事件,计算机应立即启动检测系统进行检测。检测与防护是两种概念,防护用于修补系统的不足与缺陷,确保网络系统的安全性,进而避免攻击的发生。一般入侵者都是根据网络与系统的缺陷进行攻击的。在此模型中,防护与检测是相辅相成的,防护如果做得好,就会减少检测的工作。

4. 响应

系统检测出入侵事件后,响应系统就会开始工作,对入侵事件进行处理。在此模型中,响应就是检测出入侵事件后,进行事件处理。响应工作可以不由指定的小组或者部门完成,由于机构存在差异,不同的机构在处理响应的时候,有不同的紧急响应小组,但是总体来讲,不管是哪个小组,都会采用紧急响应与恢复处理。在入侵事件发生之后,应采取措施,将系统恢复到比原来更加安全的状态。

紧急响应在安全系统中也具有重要的意义,紧急响应是消除潜在的安全性的最佳途径。也可以这样说,安全问题就是处理紧急响应与异常问题。想要解决紧急响应,就要做好准备工作,制订相关的方案,尤其是要做好恢复工作。

系统恢复就是修补漏洞与消除后门,避免黑客的再次侵入,信息恢复就是将丢失的数据恢复到原状。导致数据丢失的可能是人为因素,也可能是系统故障与自然灾害。

P2DR 安全模型也不是完美的,也存在缺点,其最大的缺点就是忽视了内在的变化因素。例如,人员的素质参差不齐,再加上人员具有流动性,这些都会影响模型的发展。从本质上讲,安全问题并不是只涉及某一个方面,其所涉及的内容十分广泛,系统本身的抵御能力强,会减少不安全事件的发生,优化网络系统与结构,提升在系统中的工作人员的素质,都是这个安全模型最容易忽视的问题。

(二) IATF 信息保障技术框架

该信息保障技术框架是由美国国家安全局组织专家编写的,不仅能够满足信息的安全需求,还是一个比较全面的、用于信息安全保障体系的框架。

IATF 第一次提出了信息保障需要通过人、操作、技术来共同实现组织的职能与业务的运作的思想。在现实的信息安全工作中,人们开始认识到只有将技术、管理、运作、维修等多个方面的要素有机地结合在一起,才可以发挥出安全保障体系的作用。

该信息保障技术框架,定义了主要的技术关注层面。只有在技术层面上对网络基础设施进行保护,才可以形成对计算机网络环境的深层保护。

(三) 信息系统安全体系结构框架

信息系统安全体系结构框架是国家信息安全等级保护制度技术体系的重要组成部分。在信息系统规划、设计和评估等一系列重要环节上都需要一个安全体系结构框架来提供指导,在信息安全的诸多问题中,如何了解信息安全基本理论和技术,把握信息网络系统安全技术体系结构,掌握信息系统安全保密系统建设的基本思想和步骤,是人们普遍关注的问题。

1. 安全特性

安全特性就是在安全单元中可以解决的安全威胁。信息安全的特性主要指认证安全性、保密性、完整性及可用性。下面我们针对认证安全性、完整性、保密性进行详细介绍。

认证安全性就是利用与特定的验证技术与方法，避免出现无权访问某些资源的实体使用不正当手段对网络进行访问。

完整性指在信息的传输与存储的过程中，不会被没有经过授权的实体修改、删除、重发等，信息的内容保持不变。

保密性指保护信息在储存信息与传输信息的过程中，不被没有得到授权的实体识别。

2. 系统单元

针对当今的网络来讲，系统单元主要包括以下几个方面。

管理单元。在网络管理环境中，网络管理系统对网络资源进行安全管理。

网络单元。也就是网络传输，主要用于解决网络协议造成的网络传输安全问题。

应用单元。也就是各种不同的应用程序和中间件，应用程序是在操作系统上安装和运行的。

六、网络信息安全的特征

（一）保密性

保密性是信息不向未经授权的用户、实体或进程披露，或不被未经授权的用户、实体或进程使用的一种特性，即信息不能作为实体向未经授权的个人披露，并且信息仅由经授权的用户使用。我们首先知道的是信息不应该泄露，所以我们应该保护它。人们已经认识到授权问题是涉及信息泄露的，也就是说，信息的泄露就是未经授权的人对信息的披露。然后我们意识到，从积极的角度来看，保密信息只是授权人员可以访问的东西。

此外，众所周知，信息保密有不同级别的保密要求。具有不同安全级别的信息访问由信息系统的访问控制组件根据系统安全策略和访问控制模型来控制。随着信息技术的发展，信息系统已变为是人与机器的结合。它的真实使用对象不仅包括用户，还包括代表用户或由用户使用的自动化机器和软件。这些实体是基于一定的安全级别进行访问控制的。

（二）完整性

从只考虑数据的完整性，到考虑操作系统的逻辑正确性和可靠性，再到实现保护机制的硬件和软件的逻辑完整性，数据结构和存储实例的一致性，做出这些转变的依据是大量事实。目前，人们发现系统中的大量漏洞从根本上是由逻辑的正确性和可靠性造成的，尤其是信息系统的核心操作系统受到逻辑的正确性和可靠性的影响最为严重。当然，这个问题也存在于实现保护机制的软件和硬件中。这里我们所要达到的目标就是逻辑的正确实现。完整性的破坏来自三个因素：未经授权、意外和无意。信息技术发展迅速，在技术应用的过程中，除了人为的恶意破坏之外，还可能存在由于能力不足和质量不合格而导致的误操作，以及由于没有预期系统程序漏洞而导致的误操作。它们也会影响信息的完整性，我们需要通过完整性保护措施来防止它们的出现。

（三）真实性

真实性包括验证传输、消息和消息源的真实性。它的内涵不能被完整性所取代。这不仅是对技术保证的要求，也是对人员责任的要求。真实性要求系统对用户进行认证和对信息源进行认证，这些功能离不开密码学的支持。在非对称密码出现之前，这是一个大问题。非对称密码机制的出现解决了这个难题。随着人类社会步入信息时代，信息的真实性和安全性受到越来越多的关注。

（四）可用性

可用性要求包括信息、信息系统和系统服务可由授权实体在适当的时间以所需的方式及时可靠地访问，即使信息系统部分损坏或需要降级才能使用，也可向授权用户提供有效的服务。

应当注意，可用性为不同级别的用户提供相应级别的服务。信息访问的具体级别和形式由信息系统根据系统安全策略通过访问控制机制来实现。此外，我们认为信息的可用性与硬件可用性、软件可用性、人员可用性、环境可用性等相关。如果没有信息环境，谈论信息的可用性是不科学的。

（五）可控性

可控性指控制信息传播和内容的能力。授权机构可以随时控制信息的保密性，并可以对信息实施安全监控。

七、网络信息安全保障对象

网络信息安全的直接目标是信息。网络信息安全是通过对信息、载体和信息环境使用相关的安全技术来保证其安全的。网络信息安全的最终目标是为组织提供业务连续性。网络信息安全通过使用与信息、载体和信息环境相关的安全技术来确保信息安全。这些技术包括密码学和应用技术、网络信息安全技术、平台安全技术、应用安全技术、数据安全技术和物理安全技术。

（一）本质对象

业务是组织正常运作的核心活动，其连续性直接关系到一个组织能否继续履行其职能。组织业务的保证要求组织投入人力、物力和财力来维持组织业务的发展。随着信息化水平的提高，企业对信息资源的依赖性越来越强，对信息资源的安全性提出了严格的要求，使得信息安全保障成为信息组织中的一个重要环节。

银行系统提供的储蓄业务完全依赖于信息系统，如果银行的计算机系统崩溃、磁盘损坏、电源故障，储蓄业务就不能继续运行。幸运的是，所有银行系统在制定安全策略时都考虑到了上述因素，如数据安全技术中的冗余备份方法用于备份计算机系统、数据磁盘、业务数据，甚至银行准备有发电机以应对断电等异常情况，这些都得益于网络信息安全的应用。

（二）实体对象

1. 信息

作为一个实体对象，信息由载体以特定的形式携带。这些形式可以体现为某种数字格式，如视频、声音、图形等。在信息系统中，广泛采用的数制是二进制。这样，不仅保证了特定数据的安全性，而且保证了它所携带的信息的安全性。数据的保密性、完整性和真实性等安全特性是其所承载信息安全特性的具体体现。

2. 载体

由于信息本身不是有形的实体，它只是包含在情报、指令、数据和信号中的内容，所以它必须通过某种媒介传输。载体是信息传播中承载信息的媒介，是信息添加的物质基础。它是一个记录、传输、积累和存储信息的实体，包括以能量和介质为特征的无形载体，以通过声波、光波和电波传输信息为特征的有形载体，以记录、传输和存储信息为特征的物理形式，如纸、膜、磁带和磁盘等存储介质。各种媒体都是一种载体。信息系统采用物理安全技术来保证介质中数据物理形式的安全，并采用数据安全技术来保证介质中数据逻辑形式的安全。

从某个角度来看，保护载体就是保护信息本身。信息与载体的关系类似于灵魂与身体的关系，载体的破坏将直接导致信息的消失。

3. 环境

这里的环境指的是信息环境，即涉及信息整个生命周期的软件和硬件资源，延伸到更大类别的信息载体、信息系统的物理环境等。

在信息环境中，信息以数据的形式存储在存储介质中，在应用信息系统中处理，并在网络通信系统中传输。在物理环境中，一方面，必须保证信息载体的物理安全性；另一方面，要保证信息系统和网络系统硬件平台的安全。

第二节　网络信息安全管理概述

一、网络信息安全的定义

（一）信息定义

早在1948年，克劳德·艾尔伍德·香农博士在《通信的数学理论》一文中，从数学的角度对信息进行了相关描述，他对信息的定义可以理解为："信息是消除不确定性的东西"。我们认为信息是通过信息系统进行加工和处理的对象。信息通过一定数据形式展现，进而通过一定的载体进行存储和传输。

信息作为被加工和处理的对象，和自然界中的事物一样，处于产生、发展和消亡的过程之中，我们称这个过程为生命周期。信息的生命周期包括信息的产生、存储、传输、处理和销毁等诸多环节。信息系统正是信息在生命周期中的生存环境，即信息是信息系统的处理对象，信息系统是信息赖以生存的环境。就信息系统而言，我国国家标准GB/Z 20986-2007《信息安全技术 信息安全事件分类分级指南》中认为，信息系统是"由计算机及其相关的和配套的设备、设施（含网络）构成的按照一定的应用目标和规则对信息进行采集、加工、存储、传输、检索等处理的人机系统"。

我们认为信息系统是为信息生命周期提供服务的各类软、硬件资源的总称。

（二）安全定义

通俗地讲，安全就是"不出事或感觉不到要出事的威胁"。可见，安全关系到两件事：一件是已经发生的事，即安全事件；另一件是未发生但可能引发安全事件的事，即安全风险。例如，操作系统遭受漏洞型病毒攻击事件属于已经发生的安全事件而操作系统没有更新补丁而存在被攻击的系统漏洞则是属于系统的脆弱性，是可能导致安全事件的安全风险。

（三）信息安全定义

广义而言，所有与信息的完整性、保密性、真实性、可用性和可控性相关的技术和理论都是信息安全的研究领域。以下是信息安全的一般定义：计算机信息安全指保护计算机信息系统中的硬件、软件、网络和数据免受意外或恶意的攻击，如损坏、变更和泄露，保证系统的持续、可靠和正常运行，以及不间断的信息服务。

二、网络信息安全管理体系标准

（一）信息安全标准的起源

信息安全管理 ISO 27001 标准，来源于英国的 BS 7799 标准。BS 7799 标准于 1995 年提出，1999 年进行重新修改，总体来说，BS 7799 标准分为两个部分，如下所示。

第一部分，BS 7799-1，信息安全管理实施规则。

第二部分，BS 7799-2，信息安全管理体系规范。

第一部分对信息安全管理给出建议，第二部分规定了根据独立组织的需要应实施安全控制的要求，不同的部分针对的内容与范围不同。

伴随着全球信息化水平的不断发展，信息安全成为人们关注的焦点，不仅仅是我国，世界上很多的国家、组织、机构、个人都在摸索如何更加高效地保障信息的安全。很多国家制定了适用于自己国家的信息安全标准，国际组织也发布了相关的信息安全标准。目前，很多国家的相关组织、机构、政府开始使用国际组织发布的安全标准来规范自己的信息安全管理。

（二）信息安全管理认证的优势

信息安全管理（ISO 27001）标准可以规范信息安全，使信息安全健康、有序的发展。通过了信息安全管理标准，就表示得到了相关部门的认证，具体的优势有以下几点。

第一，遵循信息安全管理体系的相关要求可以协调各个方面的信息管理，保障管理更加有效。信息安全管理是一个综合性的过程，需要我们进行全面且综合的管理，不能只是依靠某一个或者某几个环节。

第二，经过 ISO 27001 体系的认证，可以增加企业自身的可信度，也可以为相关的合作伙伴提供一份保障。这样一来就会降低对组织的干扰，使企业也可以获取更多的利益。

第三,通过第三方认证可以保障组织内所有部门都对信息安全做出承诺。通过认证之后,可以消除组织内部部门之间的疑惑,增强彼此之间的信任。获得国内或者是国际上的认可的证书,可以方便企业进行更宽层次的交流与发展。

第四,通过第三方的认证可以为其他的利益相关者提供投资的信心。增强双方之间的信任,降低企业的运营风险。

最后,遵循 ISO 27001 的相关标准,一定会有一定的投入,但是通过相关部门的审核之后,获得认证就会获得相应的回报。通过认证的就会比没有通过认证的组织的竞争力要强,作为信息安全的相关依据,可以让相关的合作伙伴、顾客具有自信心。

(三)认证与认证机构

认证是由认证机构证明产品、服务、管理体系符合相关技术规范及其强制性要求或者标准的合格评定活动。认证机构是经中国国家认证认可监督管理委员会(CNCA)批准可以在中国境内合法开展管理体系认证和产品认证的专业机构。就是说取得认证资质的企业或单位才可以进行审核活动。BSI、DNV、北京新世纪认证有限公司、华夏认证中心有限公司等,都属于认证机构。认证机构是经 CNCA 授权的,认可机构管理认证机构。

认可是具有相关资质的评定机构具有实施特定工作能力的第三方证明。经过认可就是按照国家或者国际标准,对从事的相关活动的合格评定,满足相关的标准要求。中国的认可机构是中国合格评定国家认可委员会(CNAS),英国的认可机构是英国皇家认可委员会(UKAS),美国的认可机构是美国国家标准协会—美国质量学会认证机构认可委员会(ANAB)。

一般说来,认证证书是由认证机构颁发的,认证机构要得到认可机构的授权,认可机构要得到 CNCA 的授权,因此中国的认证最高管理单位是 CNCA。有些认证机构经 CNCA 备案授权,并没有获得 CNAS 的认可,此类机构在国内开展被授权的审核业务也是可以的。

(四)信息安全管理体系建立与运行步骤

ISO 27001 标准作为相关安全管理体系,对于需要保障的内容、资产、组织风险管理的渠道以及控制目标与方式都有明确的规定。不同的企业或者是组织在建立与完善信息安全管理体系的过程中,可以根据自身的实际情况,采用不同的方法与程序。一般来说,建立信息安全管理体系需要经过以下几个步骤。

第一,信息安全管理体系的信息收集与准备。

第二,信息安全管理体系文件的编制。

第三，信息安全管理体系的运行与实施。

第四，信息安全管理体系的评价与审核。

以上是建立信息安全管理体系所需要的一般过程，如果需要考虑认证过程，具体的步骤应该如下。

第一，现场诊断。

第二，根据现场诊断的结果，制定信息安全的具体的目标与方向。

第三，进一步确定信息安全管理体系的范围。

第四，针对管理层进行相关的信息安全知识的培训。

第五，进行信息安全管理体系内部审核人员的培训。

第六，构建信息安全管理组织的机构。

第七，进行信息资产评估，根据结果进行分类，对于相关不利因素进行分析，确定风险的等级。

第八，根据上述内容确定实施管理的相关风险，制定针对风险控制的相关措施。

第九，确定信息安全管理手册与必要的控制程序。

第十，确定适用性声明。

第十一，制定并完善可持续性发展计划。

第十二，审核文件，合格之后进行发布。

第十三，运行文件。

第十四，内部审核。

第十五，外部第一阶段认证审核。

第十六，外部第二阶段认证审核。

第十七，颁发证书。

第十八，年度监督审核。

第十九，复评审核。

企业到底要选择哪种控制方式，需要根据企业自身的实际情况进行确定，尤其是要注意细节。进行信息安全管理时需要组织中的全体成员共同参与，还要注意防护，避免第三方获取机要数据与文件。更需要调动全体成员的参与，加强控制力度。

不仅是组织成员，还要与顾客、股东、供应商加强沟通与联系，保持信息安全，维持竞争的优势。

三、网络信息安全管理措施

（一）影响网络信息安全的因素

社会犯罪是一种社会现象，社会中总有少数犯罪分子要伺机犯罪以达到其个人的不法目的。信息科技广泛嵌入社会并服务社会的过程中，由于网络信息犯罪具有隐蔽、快捷、高效等特点，吸引犯罪分子利用网络信息对抗手段进行犯罪。

人虽然是万物之灵，但在高度紧张的长期工作中，会因种种原因不可避免地发生疏漏、错误，其中部分情况会形成信息安全问题和在对抗环境中造成损失。例如，工作时不小心将信息系统的电源关闭，导致处理信息的大量损失，甚至造成对信息系统的直接破坏等。

总之，很多信息犯罪会在信息领域有所反映，从而形成各种信息安全问题。

（二）解决网络信息安全的措施

针对网络信息安全问题的基本对策，总体上应以社会进步、科技发展、社会成员素质提高为基础，促进网络信息安全的发展。

随着社会的进步和科技的发展，不断有新的信息系统进入社会，服务于人类并发挥作用，不断淘汰的陈旧系统和技术，其安全对抗问题也随之消亡。社会进步使得更合理的社会秩序不断产生，人素质的提高也会减少各类网络信息安全事件的发生。因此，社会的发展是网络信息安全发展的基础。

网络本身就是一个开放的系统，有积极健康的网络信息，也会充斥着不良的网络信息，这些不良的网络信息会对网络信息安全造成一定的威胁，计算机的安全领域主要包括以下几方面。

第一，国家党政机构计算机信息系统的安全问题，这关系到国家机密与信息领域的安全。

第二，国家经济领域内的计算机信息系统的安全问题，作为国家经济发展的重要资源，会影响到国民经济的健康发展。

第三，国防与军队的计算机信息系统的安全问题。

第四，组织、团体、个体、企业等相关的信息，关系到隐私与财富，这些都与信息安全有着密切的联系。

综上所述，生活中的每一方面都与信息安全有着密切的联系，加强网络信息安全已经成为目前政府与计算机行业需要解决的重点问题之一。由于网络信息安全是一个很复杂的工程，相关政策与相关技术的发展都会影响到网络信息安全的发展。网络信息安全管理需要一个综合的保障体系，不管是从我国之前的建设经验中吸取教训，还是借鉴优秀的发展经验，都需要采用切合实际的解决方法与措施，更好地保护网络信息的安全。

1. 网络信息安全的法律保障

关于网络信息安全的法律，国务院以及有关部委也出台了一系列的行政法规，如《计算机信息网络国际联网安全保护管理办法》《中国公用计算机互联网国际联网管理办法》《中华人民共和国计算机信息系统安全保护条例》等。这些都是网络信息安全的法律保障，由于这些法律法规，必须强制执行，不能违背，这样就可以进一步规范计算机网络系统的良好的环境，减少违法犯罪现象的出现。

政府部门加强相关法律宣传，提高公民的网络信息安全意识，学校部门也应进行相关知识的讲解，提高学生网络信息安全意识。网络信息安全关系到每一个人的切身利益，并不是某一个部门或者某一个组织的事情。个人计算机遭遇病毒攻击，会给自己的生活、学习、工作带来不便。对于企业或者是政府内部的计算机，一旦遭受木马程序的攻击，轻则造成经济损失，重则会影响企业的发展以及导致政府重要数据的丢失。因此我们要加强法制教育，普及相关知识，加强人们的安全意识，避免出现有人因不懂法而误入歧途。

2. 网络信息安全的技术保障

从技术的角度来看，计算机安全问题可以分为三种类型，分别是实体的安全性、运行环境的安全性以及信息的安全性。实体的安全性主要指环境安全、媒体安全以及设备安全。通俗来讲，就是保障软件与硬件设备的安全。运行环境的安全就是保障计算机可以在良好的环境中工作。信息安全就是保障信息不被非法使用、修改与泄露。

（1）设置防火墙

为计算机设置防火墙可以防止外部非法入侵，也可以防止内部用户非法窃取信息，不管是对内还是对外都有利于信息安全的保护。设置防火墙可以有效规避信息安全风险，作为一种有效的安全防护措施，通过设置一个或者多个电子屏障保护网络信息安全，有利于网络信息安全的防护，避免泄露重要的信息。

（2）利用加密技术

加密技术是保障信息安全的另一个重要途径，用来防止合法接受者之外的用户获取或者是盗用机密信息。目前经常使用的加密技术主要分为两种，一种是对称加密，另一种是非对称加密。

（3）完善公开密钥基础设施

为解决网络信息的安全问题，世界各国对其进行了多年的研究，初步形成了一套完整的安全解决方案，即目前被广泛采用的公开密钥基础设施（PKI）。

PKI 是以公钥加密技术为基础的一种新的安全技术，采用相关标准的数字证书，可以有效地对用户的身份和权限进行严格的控制。它由公开密钥、数字证书、证书发放机构和公开密钥安全策略等部分组成。它采用证书管理公钥，通过第三方可信机构，把用户的公钥和用户的其他标识信息（如名称、身份证号码等）捆绑在一起，实现密钥自动管理，验证用户的身份，保证网上信息的机密性、完整性和不可否认性。它克服了密码在安全性和方便性方面的局限，能有效地控制用户可以访问哪些数据。PKI 可对文件或数据采用公钥进行加密，而用于解密的密钥则存放于 IC 卡或者智能卡之中，从而提高了安全性。

PKI 技术已趋于成熟，其应用已覆盖了众多领域，许多企业和个人已经从 PKI 技术的使用中获得了巨大的收益。这项技术的前期投资是非常大的，需要国家的引导与规划，还需要企业的积极参与配合，整个体系的安全都是建立在私钥的安全保密之上的，需要认真对待相关问题。

3. 网络信息安全的管理保障

为了规范与保障系统的安全性，一定要建立严格的网络信息安全管理保障机制，对于内部的工作人员，一定要有明确的职责规范，严格管理内部的账户与密码，进入系统之前要有相关的确定程序，避免出现非法占用或者是盗用的现象。还要建立网络信息安全维护日志，记录相关的使用情况以及出现的问题，并定期检查相关数据，对于出现的问题进行及时的解决。对于重要的数据要做好相关备份工作，对于不同等级的重要信息与数据应该有不同程度的加密。

（1）加强基础科学发展和社会理性化发展

自然科学与数学领域的发展关系到信息科学技术以及信息安全发展，作为研究信息安全的基础，不仅仅是信息安全领域，还有很多的学科或者领域都会从这些基础学科中获得灵感。信息安全问题涉及很多社会性与人为性的因素，先进的社会与人较高的素质水平，更有利于社会信息安全的发展。

人类社会是一个非常复杂的系统，在社会的发展过程中需要基础理论的支持，基础理论的提高有助于社会实践的提升。信息安全是人类在社会发展中必须面临与解决的一个问题，社会发展与信息安全之间存在互动关系，社会发展得好，信息安全问题自然也会得到重视，与之相关的问题也会得到更好的解决。

（2）构建信息安全领域基础设施

①加强相关领域的研究。构建信息安全领域的基础设施离不开相关领域技术与信息的支持。与信息安全领域相关的领域会涉及很多学科，如数学、生物学、数字技术、电子学等，它们的发展对信息安全的发展有着至关重要的影响。如密码安全性的提高需要基础学科的支持。

②建立信息安全基础设施。由于信息安全基础设施作为一个体系概念，是不断变化与发展的，根据不同的分类标准会有不同的划分。建立信息安全基础设施是加强网络信息安全管理的保障，需要信息科技与信息科技相关人才的支持。

③完善相关安全产品。完善相关安全产品这项工作是整个信息系统安全运行的重要保障。

④建立符合安全标准的信息通用基础产品。就信息安全来讲，需要设置专门的信息安全类的产品。这类产品只是一种保障，并不是万能的，还需要有相关的通用基础产品的支持。信息安全防范的相关问题是一个系统性的问题，需要在不同的环节上加以防护。基础层次的安全需要通用基础产品的支持，一旦这些通用基础产品出现问题就会影响信息安全。

4. 加强网络信息安全教育

中华优秀的文化作为中华民族与世界文明的重要财富，优秀的中华文化会指引中华儿女朝着健康、积极的方向走去。加强中华优秀文化的传承，可以有效规避网络中不良信息的使用。

中华文化一直追求兼容并蓄，通过对网络信息的认真分析，学会分析与识别不良信息，认真遵守相关的法律法规，这对于21世纪的人才来说，具有重要的意义，也会对与社会、科技同步发展的信息安全对抗问题，起到基础性的作用。

5. 不断完善社会发展相关机制

社会作为一个大背景会直接关系到人们的成长与发展，不断完善社会发展的相关机制，注意引导出现问题的学生，给予他们必要的帮助，否则这样的学生很容易经不住诱惑，走上违法犯罪的道路。

面对社会中弱势群体以及困难群体应该帮助他们建立减少社会矛盾与对抗的基础机制。完善社会发展的相关机制，面向全社会进行信息安全教育，加强信息安全的正面发展。

6. 加强教育提高人的素质和能力

教育是提高人的素质和能力的根本途径。解决网络信息安全问题，加强教育是根本。加强教育提升人类的整体素质，素质提高了，自然也就减少了信息安全不良现象的出现。

四、网络信息安全风险评估的原理

信息安全风险评估是一项复杂的系统工程，需考虑诸多评估因素，有些评估因素可以用量化的形式来表达，而有些因素却难以量化，必须将定性分析和定量研究相结合来考虑评估因素，也就是将基于多元统计的风险评估方法与基于知识与决策技术的风险评估方法综合运用，即多种评估方法综合运用。

基于多元统计的风险评估方法，通常运用数量指标来对评估对象进行系统安全性评估，比较典型的方法有聚类分析法、故障树分析法、事件树分析法、因子分析法、时序模型、回归模型、风险图法等。其优点是用直观的数据来表述评估的结果，使评估结果一目了然，而且比较客观。基于多元统计的风险评估方法的采用，可以使研究结果更科学、更严密、更深刻，有时用一个数据就能够清楚地阐述较为复杂的问题。

而基于知识与决策技术的风险评估方法，主要是依据评估者的知识与经验，借鉴推理及非量化资料等对系统安全性状况做出判断。它主要以对评估对象的深入了解为基础，通过一个理论推导演绎的分析框架，对资料进行系统分析，在此基础上借助专家的智慧与经验，得出系统安全性评估的结论。典型的基于知识与决策技术的风险评估方法有主因素分析法、逻辑分析法、群决策方法等。基于知识与决策技术的风险评估方法的采用，避免了一些定量方法在系统安全性分析与评估中的不足，而且可以挖掘出某些蕴含很深的系统风险评估思想，使系统风险评估的结论更全面、更深刻。

另外，还有一些基于创新性的风险评估方法，如基于攻防博弈理论、信息熵理论、粗糙集理论、神经网络理论以及多种理论相结合的风险评估方法。系统风险评估的主要目的是量化系统运行过程中可能发生的各类风险，估计风险对系统正常运作的影响程度，进而划分风险的等级，为制定系统风险管理计划及对系统风险进行监控提供依据和参考。

五、网络信息系统风险评估基础理论

（一）模型与模型化

无论是信息系统的风险评估还是其他科学研究领域的风险评估，模型与模型化的重要性都是不言而喻的。模型是对事物、对象或系统之全体的、本质的、内在联系的数学表征，是进行系统分析或行为预测的有效工具，是人们掌握客观世界规律或改造客观世界的锐利武器。模型化或建模就是在被研究的事物、对象或系统的复杂因果关系中确立定性的或定量的相互依存关系。事实上，在许多科学研究和工程技术领域内，建模的成功与否代表着人类在这些领域内具有的知识水平和实践能力。

科学技术越发展，计算机越普及，模型与模型化的意义就越重大。当人们用系统理论方法去研究客观对象，从而能动地控制或改造它们时，常常需要经历这样的过程：首先将被研究的对象作为一个系统，接着建立它的数学模型；按照建模目的和要达到的任务目标设计一个评价准则（目标函数）；对准则进行优化得到最优算法或控制策略；通过计算机实现对系统的分析与设计、预测与控制。

由此可见，在一定意义上，模型和模型化是人们认识客观世界的基础，是理论与实际建立联系的桥梁。当我们研究某一对象时，与其说是研究对象本身，不如说是研究描述该对象的数学模型。我们研究信息系统的风险评估与控制，首先必须建立能够正确描述信息系统风险的数学模型，这是一项比较艰苦同时也是较为困难的工作，但必须认真去做。

（二）输入量与输出量

输入量就是在预期范围内可以控制系统风险特性的外加物理量或者是管理措施。输出量就是存在于系统内部的实际风险，方便检测或者是很容易估算的物理量，会对系统的整体功能产生影响。对于输出量与输入量要有明确的了解，这样可以更好地实现信息系统的风险评估与控制。

（三）系统边界的相对性

在研究信息系统的风险评估的过程中，系统的边界是一个相对的概念，并不是绝对的。在进行分析的过程中，可以将系统的任何一个部分看成一个系统，也可以拓展原有系统的边界，使系统包含新的物理量和新的网络环境。

（四）集总参数系统

所谓集总参数是相对于分布参数而言的。在建立信息系统风险评估与控制模型时，一般会将分布参数系统当作是集总参数系统。

这样一来，就可以将系统中各种联系用微分方程或者是差分方程描述出来，可以通过状态空间的一般理论，用一组状态空间模型对系统加以描述，然后再将问题进行归纳总结，从而得出信息系统的风险评估的算法，为信息系统的风险评估提供相关的依据。

第二章　网络信息安全需求

在构建安全的网络环境之前，对于网络信息安全需求要有一个清晰的认知，网络信息安全关系到网络系统中内容不被非法访问、泄露。本章主要分为业务需求与技术、网络信息的安全威胁、网络信息的安全攻击三部分。

第一节　业务需求与技术

一、网络信息安全需求的概述

信息安全与信息技术的其他问题并不相似，其主要任务是确定系统及其内容不被非法访问和泄露。机构要在这方面投入大量的金钱和人力来防止无时无刻不在的网络攻击，随着攻击手段的日益复杂，信息安全的需求也在不断增加。

作为网络信息安全构建的一员，应该做到对网络信息安全的业务需求进行深入了解，清楚一个安全的计划是机构综合管理的必要组成，要能够洞察常见的信息安全威胁和攻击手段，对系统内外的攻击要能区分出来。

二、业务需求与技术发展

伴随着网络信息技术的不断发展，各个国家的信息网络安全事件发生的比例也越来越高。内部网络可能会受到的攻击包括内部信息泄露、黑客的攻击与不良信息的非法入侵等，有必要采取一定的措施保障网络信息的安全，维护网络的安全运行，确保信息的安全。归纳起来要做到以下几点。

第一，确保网络的可用性。网络是信息的载体，想要确保信息的安全就需要维护网络系统的正常运行，尽量避免出现对内部网络的非法侵入与攻击现象，避免出现通过一些不正当的途径破坏网络的可用性的现象。

第二，确保业务系统的可用性。确保内部的各个主机、服务器等安全运行也是保障网络信息安全的重要途径。网络信息安全体系有必要保障这些系统不会受到恶意的进攻与破坏。

第三，确保数据的机密性。数据的机密性与安全性直接关系到个人、企业、国家的经济利益。

第四，确保网络操作的可管理性。加强网络安全系统的日常管理，对相关操作提供管理与维护服务。

第五，确保访问的可控性。对于一些重要的网络系统与信息，必须加强控制，尤其是对访问者的身份要进行确定，对所有的访问应进行跟踪与记录。

第二节　网络信息的安全威胁

一、网络信息的安全威胁概述

网络信息系统面临的威胁是比较复杂的，有来自软件方面的威胁，也有来自系统硬件资源的威胁，关于网络信息不安全因素的归纳，可以分为以下几方面。

第一，自然灾害。

第二，人为失误或者是偶然事件。

第三，黑客的攻击与计算机病毒。

第四，信息战。

第五，计算机违法活动。

伴随着计算机网络技术的不断发展，信息的传播速度也越来越快。信息的传输、共享、存储中，都蕴含着一定的风险，信息一旦出现被非法入侵、破坏、截取，就会出现不可估量的损失，如果非法操作出现在一些重要的部门，情况只会变得更加糟糕。因此我们应重视信息存储中的安全问题。

信息安全威胁具体指某个人、物、事件、概念对信息资源的保密性、完整性、可用性、合法性所构成的威胁。攻击就是对安全威胁的具体表现，对信息安全构成的威胁，可以分为人为因素与非人为因素，尤其是经过严密地设计的人为攻击更具有破坏性。

人为攻击可以根据实施的目的分为故意攻击与偶然攻击，故意攻击，如有意地冒充、篡改等，偶然攻击指不是故意的操作。故意攻击可以分为主动攻击与被动攻击。被动攻击不会出现对系统中所含信息的变动，被动攻击主要是威胁信息的保密性，主动攻击与被动攻击正好相反，会肆意篡改系统中所含的信息。主动攻击会威胁信息的完整性与真实性。

到目前为止，还没有形成统一的方法来归纳各种计算机威胁，也没有形成统一的标准对不同的威胁加以区分。信息安全所面临的威胁与环境密切相关，威胁存在的程度也是随着环境的改变而不断变化的。

二、网络信息安全威胁的具体表现

计算机网络的使用对信息造成了新的安全威胁，网络上充斥着各种不同形式的威胁，用户可以接收到不同用户发布的信息，再加上国际互联网的开放性特点，使得影响计算机网络信息安全的因素越来越多，下面简单列举危害网络信息安全的具体表现。

（一）蓄意非法访问

蓄意非法访问指未经允许或委托，擅自扩大权限、越权对网络信息进行访问。其表现形式一般有假冒被授权者对信息网络系统进行违法操作，合作用户未经授权对信息网络系统进行操作等。

蓄意非法访问计算机系统或网络资源，可能会使非法访问者犯罪。例如，如果非法获得了一些账号、密码，非法访问者可能去敲诈、勒索对方。

（二）身份盗窃

身份认证是系统确定用户身份的过程，确认身份之后，用户才可以登录系统，常用的身份认证技术有鉴别交换机制与数字签名技术。确认身份有助于减少信息泄露、盗取、截取等现象的发生，防止发生身份盗窃现象。

美国联邦调查局（FBI）、联邦经济情报局、芝加哥警方和身份盗窃阻止专门兴趣组（SIG）在 2005 年的年初就由自由联盟组织了起来，大家一起讨论关于身份盗窃的话题。这个小组很快就认识到，"身份盗窃"这个词在媒体和业界的出现频率很低。

SIG 的主席之一——迈克尔·巴雷特解释说："在抵抗身份盗窃上遇到的一大难题就是，这个词被用来表述三种差异很大的犯罪行为：一是截获已有的账号，二是用一个人的身份去开新的账号，三是指违法的身份盗窃。也就是说，如果那些被盗窃的资料提上法律议程的话，会导致盗窃者出现犯罪记录或者被逮捕。我们得到这个结论后，就决定，我们需要协同工作，来把这个词定义得更加精确。"

正如今天这个纷繁复杂的世界上所有的事物一样，对于一个难题给出粗枝大叶的解决方法只会给人帮倒忙，对于身份盗窃，人们想了解得更多、知道得更详细，其实它是关系到我们每一个人的。很多人都见过自称是来自某银行或某在线拍卖网站上的电子邮件，邮件引诱我们通过伪造的网站公开自己的信息。或许，我们身边就有遭受过信用卡欺诈、身份盗窃、身份欺诈之类的受害者。很不幸的是，无论是作为普通客户、数据管理者，还是作为技术专家和策略制订者，我们对这个问题的了解都是不完整而且不连贯的。

在消除身份盗窃的艰难历程中，SIG 的一个主要目标就是建立一个论坛，让大家可以在上面坦诚开放地对这个话题展开讨论。此外，这个小组还被特许，为阻止身份盗窃提建议并把最好的策略形成文档。这个由包括金融服务公司在内的各行各业的组织组成的小组的第一个主要工作就是：做出一个词典。

美国太阳微系统公司负责联合身份的架构师罗宾·威尔顿说："定义身份（ID）盗窃，很有点盲人摸象的感觉。每个人都会描述一个不同的侧面，没有人真正理解整个东西。我们讨论身份盗窃的真正名称，或者说'并行词汇'，损毁数据库、获取账号或者账号劫持、违法身份盗窃看起来都是一样的，但实际上差别却很大。在人的整个生命周期的不同阶段会发生各种各样的活动，每一个要发生的事情，我们都必须要定义清楚并理解透彻。"

据 SIG 的定义，真正的身份盗窃应该是，某人欺诈性地获得了个人信息并用之开新的信用卡账号、手机服务等。账号劫持是，某人窃取个人信息，去访问已存在的账号，可能情况之一是更改邮件地址，然后在受害者意识到情况糟糕之前转账。违法的身份盗窃是更加邪恶的行为：某人犯了罪，在要受到法律严惩之时，以你的身份作为他自己的。这种情况下，就不只是钱的问题，可能你会成为替罪羊，被逮捕。

SIG 的项目经理布里塔说："随着对此话题讨论的深入，我们也在一步步开阔视野。我们觉得通过做出更加详细的定义，我们也许可以找到更好的方法来对抗这些违法犯罪行为。"他还说："身份盗窃并不是一个简单的、单一的犯罪行为，实际上，身份盗窃是可能由多人参与的一系列的犯罪活动，并且这些人甚至都不需要互相认识、互相了解。"

名为《ID 盗窃初级读本》的词典全面而透彻地解释了这个主题，对不同词汇进行了完整的定义，对身份盗窃的生命周期也有条理地进行了阐述，附录中还详尽地描述了身份盗窃攻击源以及为了减轻危害可以采取的措施。对于那些对这个问题感兴趣，并有兴趣学会怎样对抗、阻止身份盗窃以及从身份盗窃中恢复的人来说，这是一个必读物。

《ID 盗窃初级读本》中把身份盗窃的生命周期分为六个独立的阶段：计划、

安装、攻击、收集、欺诈以及邮件攻击。每一个阶段都是独立的,可以由不同的人或小组执行。好的一方面是,每个阶段的行动如果能够及早被发现,就可以通过一系列特别工作减轻损失。

据一家参与 SIG 讨论的大金融服务公司的首席安全官称,因为没有一个专门的公司致力于解决整个问题,所以在其生命周期的任何一个阶段阻止身份盗窃都是很困难的。不过,如果你明白要完成 ID 盗窃必须发生的事情的顺序,那么你就会知道应该在哪里实施保护措施,以达到最好的结果。

攻击源很复杂,它涉及范围广,包括技术、身体、社会工程等各种攻击源,当然也都有相应的对抗措施。大量形态各异的攻击展现了身份盗窃的复杂性,我们在日常工作中也应该采取一些对抗措施。"信息怎样才能变成金钱"引起了人们的极大关注,同时,黑暗的一方也逐渐有所表现。

SIG 是这样看待《ID 盗窃初级读本》的:理解并防止身份盗窃的第一步。这本书现在包含三个相互关联的文档,不同层面的读者都可以找到自己感兴趣的章节。

"身份盗窃阻止之数据守护指南"篇为真正传输、交互、储存个人身份信息的公司和个人提供建议和最好的策略。

巴雷特解释说:"这一篇会描述适用的准则,而不是提供大量最好的策略,因为随着技术的不断发展,具体的策略都会过时。"

"身份盗窃阻止之测量制定指南"篇总结了不同国家适用的法律法规,以帮助小组制定符合依从性的策略并实施新的规则。

"身份盗窃阻止之技术专家指南"篇为可能涉及个人信息的架构师、软件设计者和软件购买者提供帮助。

通常情况下,这样的著作是不会对任何人都免费的,而现在你可以免费从网上下载。这个小组的专家们已经找到了方法,让我们能够理解并有能力对付身份盗窃。我们可以读一下《ID 盗窃初级读本》,并随时关注新推出的相关文档,及时了解遇到此类问题时应该怎样采取行动。

(三)对系统的攻击

1. 被动攻击

被动攻击指只观察网络线路上的信息,而不干扰信息的正常流动,如被动地搭线窃听或非授权地阅读信息。

2. 主动攻击

主动攻击指对传输中的信息或存储的信息进行各种非法处理，有选择地更改、插入、延迟、删除或复制这些信息。

3. 被动攻击和主动攻击的具体类型

计算机网络所面临的威胁实质上就是计算机网络安全存在的潜在破坏。每一个计算机系统都存在遭受威胁的情况，只有清楚计算机系统会遭受哪些威胁，才可以进行有针对性的预防。

总体来说，计算机网络所面临的威胁可以分为两种，主动威胁与被动威胁。主动威胁就是对计算机网络信息进行修改、删除、破坏等非法操作，被动威胁就是使用非法手段阅读信息，但是不修改信息。确定威胁的类型之后，我们可以从以下三个方面进行分析。

①脆弱性分析。

②威胁估计。

③危险分析。

破坏计算机网络安全主要四种类型，如下所示。

（1）中断

中断指威胁源使系统的资源受损或不能使用，从而使数据的流动或服务的提供中止。

（2）窃取

窃取意味着某个威胁源成功地获取了一个资源的访问，从而成功地盗窃有用的数据或服务。

（3）更改

没有经过允许或授权的某个威胁源，成功地访问，并更改了相关资源，从而使系统所提供的服务或数据出现变动。

（4）伪造

没有经过授权的威胁源，在系统中制造假的威胁源，形成虚假的数据或者提供虚假的服务。

4. 国际标准化组织对具体威胁的分类

①伪装。

②非法连接。

③非授权访问。

④信息泄露。

⑤篡改或破坏数据。
⑥非法篡改。
⑦拒绝服务。
⑧改变信息流。
⑨推断或演绎信息。
⑩重放。

5. 操作系统安全威胁

操作系统是信息系统的工作平台，要求操作系统的功能必须可靠。由于操作系统的复杂性，因此它不存在绝对意义上的安全。对操作系统最具影响力的威胁就是在系统软件或者是硬件上植入威胁。有时候，操作系统的安全漏洞是操作系统开发时故意设置的，如果出现问题，用户不能访问，但维护人员可以访问。

6. 应用系统安全威胁

应用系统的安全威胁指网络服务系统或者是用户业务系统受到的安全威胁。应用系统的安全性应该有一定的保障，应用系统安全会受到计算机病毒的威胁与管理系统的安全威胁。

（四）网络信息安全面临的不安全因素

1. 漏洞

伴随着网络技术的不断发展，网络安全问题也随之增多，操作系统的安全性不能再满足对安全度有很高的要求的部门，黑客入侵网络的事件时有发生，操作系统在运行程序上出现了越来越多的不足与漏洞。针对网络信息系统的安全问题的研究也越来越集中，首先要对网络信息系统的脆弱性进行分析，再对相关漏洞进行整理与分析，并提出有效的解决措施，形成网络信息系统安全体系。

影响网络信息安全的因素有很多，如操作系统的脆弱性、计算机系统自身的脆弱性、通信系统的脆弱性以及存储介质的脆弱性等。

2. 电磁泄漏

计算机网络中的网络端口与传输线路都存在因处理不当，或者是屏蔽不严、没有采取屏蔽措施而造成电磁信息辐射，进而出现相关信息泄露。

3. 数据的可访问性

进入系统的用户可以复制系统数据，且不用留下任何痕迹。网络用户在一定的条件下，对于访问系统的相关数据，可以进行复制、删除甚至是破坏。

4. 数据库管理系统的脆弱性

数据库管理系统（DBMS）的安全与操作系统的安全相协调，对于DBMS来讲，肯定会存在一定安全隐患，而且DBMS对数据库的管理是采用分级管理的概念，这就加剧了安全隐患。黑客与不法人员可以使用探访工具，强行登录并使用数据库的数据。数据加密与DBMS的相关功能会存在一定的冲突，影响数据库的正常使用。

5. 存储介质的脆弱性

软、硬盘中会储存大量的信息，包含一些机密信息，这些存储在介质中的信息，有很大的风险被损坏或者被盗用，造成信息的丢失与破坏。一些废弃的存储介质中也会存在一定的信息，应该妥善处理。

（五）自然威胁

自然灾害对网络构成威胁虽然不是经常的，但带来的危害却是巨大的，甚至是毁灭性的。自然灾害不仅包括火灾、水灾、雷电等，还包括地震、环境污染等。电源故障造成的突然断电或者是人为操作失误都可能引起计算机信息的丢失或者泄露。

一般来讲，计算机内存储的信息的价值往往高于计算机本身的价值，必须采取一定的措施确保计算机存储的信息的安全，即便是废弃的磁盘或者文件都不能随意丢弃，要经过安全处理。除此之外，也不能忽视自然威胁对计算机信息安全的影响。很多人不重视自然威胁对计算机信息安全的影响，很多存放计算机的场所因为没有重视防水、避雷、防电磁泄漏等措施，导致其抵御自然灾害的能力差，事故频繁发生，损失惨重。

1. 火灾

在许多建筑物的墙上我们都可以看到红色的手动推拉报警装置。自动的探测装置拥有传感器，在探测到火灾的时候会做出反应。这种自动系统可能是一个自动喷淋系统或者是一个卤代烷释放系统。自动喷淋系统被广泛地使用，在保护建筑物和里面的设施方面很有效果。在决定安装哪种灭火系统时，需要对许多因素做出评估，包括对火灾的可能发生概率的估计，对火灾可能造成损害的估计，另外，应对系统的类型本身做出评估。在火灾的预防方面，我们需要训练员工在遇到火灾时做出适当的反应，为他们提供正确的灭火器具并保证它们能够正常地工作，确保附近有水源，以适当的方式存放易燃易爆物品。

2. 雷击

每年因为雷击遭受损失的电子设备不计其数，雷电不仅仅会对电子计算机的系统以及设备造成破坏，还会影响通信，给人民群众带来经济损失。

防雷保护是由外到内设置多级保护区，最外层是危险性最高的区域，越往里危险程度就越低。保护区是由防雷系统与金属管道等构成的屏蔽层构成的，从最外面到最里面，实行多级保护，将电压确定为设备可以接受的水平。

防雷的原则就是将大部分的雷电流直接引入地下，防止沿电源线或者数据线引入电压波，限制保护设备上的过电压，这些保护原则是相辅相成的，不能只依靠一种保护方式。

伴随着计算机通信设备的大规模应用，雷电对计算机的危害也越来越严重，以往的防护体系需要与时俱进，不断满足网络安全需求。转变原来简单的一维防护为三维防护，考虑多方面的安全需求。

3. 水患

为了预防因为漏雨或者是漏水而出现对计算机设备的损坏，应避免将机房设置在底层或者是顶层，一般在二、三楼为最佳。在雨季来临之前，做好准备，对机房的门窗进行检查，确保门窗的质量，避免出现漏水现象。为了预防由自然灾害造成的重要数据的丢失与损坏，可以进行数据库的备份，还可以分开储存。数据库的备份应该与数据库具有同样的保密环境。

（六）技术性故障或错误

从硬件方面，设备的设计和使用环境的复杂，使得技术性故障或错误成为可能。一些设备的缺陷是故障发生的潜在因素，可使得系统执行预料不到的操作，导致服务不可靠，或不能使用。一些错误发生在终端上，导致设备遭受无法挽回的损失。一些错误是间歇性地或周期性地发生，发生的故障也不常重复，有时设备会停止工作，或者以一种预料不到的方式工作，这些都会为网络信息安全埋下隐患。

英特尔（Intel）公司生产的 Pentium Ⅱ 芯片存在一个缺陷，这种芯片在特定的环境下会出现计算错误的现象。这是信息安全史上比较著名的硬件事故。Pentium Ⅱ 的浮点除（FDIV）缺陷没有引起公司的高度重视，直到一些刊物指出这个错误，从而迫使 Intel 公司回收该芯片。这一缺陷造成公司超过 4.75 亿美元的损失。其他一些芯片也出现了一些错误，Intel公司发表声明："所有的新型芯片都存在缺陷，甚至在产品上市后，仍旧需要继续改善该产品的性能。"

软件故障造成的损失也是巨大的。大量的软件出售到市场上，但其中的错误并没有完全被检测和解决，这就存在了一些未知故障。有时候，有些软件和硬件联合在一起，还会引发新的故障。有时候这些故障并不是错误，而是程序员因正当或者不正当原因而有意留下的快捷方式。利用快捷方式访问程序，以躲避安全检查的访问路由称为陷阱，这可能会留下严重的安全漏洞。软件故障是大量存在的。

（七）黑客攻击

1. 黑客的定义

伴随着计算机技术的应用，黑客对于人们来讲也已经不再陌生。在更多的人的眼中，黑客是一群头脑聪明，可以熟练使用计算机技术的年轻人，他们深谙计算机技术，可以轻松破译各种密码，可以窥探人们的计算机信息隐私。说到底，黑客究竟是什么？黑客（hacker），源于英语动词hack，这个单词的原意与黑客可以说是毫无关系的，早期的俚语中还有恶作剧的含义。起初黑客指具有高级的软件知识与应用能力的人，他们以维护网络为目的，有时以不正当侵入为手段找出网络漏洞。

发展到今天，黑客已经形成了确定的含义，用来泛指那些专门利用网络技术进行攻击与恶作剧的人。对于这类人有一个专门的英文单词即cracker，有人将其翻译成"骇客"。由此可以了解到hacker与cracker是两个不同单词，有着不同的含义。其中hacker是有褒义色彩的，但是cracker是具有贬义色彩的。对于一个骇客来说，他们只追求入侵的快感，不在乎技术，他们不会编程，不知道入侵的具体细节。

黑客可以建设，但是骇客只会破坏，这就是黑客与骇客最基本的区别。通俗来讲，黑客技术是发现计算机系统与网络的缺陷与漏洞，针对发现的漏洞与缺陷进行攻击，对于缺陷与漏洞具体来讲包括人为失误、管理不当、软件缺陷、硬件缺陷等。很显然，黑客技术对网络具有破坏能力。一个很普通的黑客攻击手段可以把世界上一些顶级的大网站轮流考验一遍，即使是如Yahoo这样具有雄厚的技术支持的高性能商业网站，黑客都可以给他们带来经济损失。这在一定程度上损害了人们对因特网（Internet）和电子商务的信心，也引起了人们对黑客的严重关注和对黑客技术的思考。

2. 黑客的类型

恶作剧型。这种类型的黑客主要是为了显示自己的能力，喜欢进入他人的网站，增加或者是删除某些内容，不会涉及经济利益。

隐蔽攻击型。顾名思义，这种类型的黑客是躲在不容易被人发现的区域，以匿名的身份对网络进行攻击，或者是冒充网络合法用户。

定时炸弹型。这种黑客的破坏性极大，对于企业的正常运行具有很强的破坏力，他们会在网络上故意布置陷阱，或者是在网络维护软件中故意安插后门程序，在一定的时间或者是一定的条件下，引发一系列具有破坏性的活动，一旦出现这种类型的黑客，对于企业的正常运行会造成严重的影响，企业甚至会倒闭，如果是攻击政府，那么后果就会更严重。

矛盾制造型。这种类型的黑客一般是通过非法手段进入他人网络，修改用户的重要信息，破坏他人的正常活动。进入企业的相关网站介入企业的商品竞争，破坏企业的正常活动，如果是进入政府网站，就是想要破坏社会稳定。

职业杀手型。这种类型的黑客是比较可怕的，他们会利用监控的方式将他人传来的资料迅速清除，使得接收方不能准确地获取最新的信息，或者是将电脑病毒非法植入他人的电脑内，迫使电脑不能正常运行，最可怕的是潜入军方，肆意破坏军事战略部署，以干扰或者是摧毁国防军事系统为目的，严重的话会影响国家安全。

业余爱好型。这种黑客纯粹是为了满足自己的好奇心，希望实现其技术上的不断优化，他们入侵他人的电脑，并没有意识到自己的行为对他人造成的影响，属于无意识的攻击行为。

3. 黑客的攻击手段

如果在浏览器上搜索关于黑客的内容，可以出现几十万的检索信息，黑客并不是一个陌生的群体，网络上甚至会有成为黑客的专业教程，不仅仅是我国，国外也是如此。黑客的培训主要是依靠网络途径，如此之多的教育资源，为那些想要成为黑客的人提供了便利的条件。黑客培训网站不仅有大量的视频教程，还有与之相关的软件与脚本。

网络教程可以说是网络黑客得以延续和传承的命脉，而且木马、后门等恶意代码的编写入门门槛相对感染式病毒低、技术含量低的特征也为黑客的发展壮大提供了绝好的条件。目前，黑客技术的种类和传播方式有如下几种。

（1）挂马网站

随着大量黑客网站与论坛中的教程对挂马技术的"扫盲"，预计今后网站挂马会更加疯狂地出现,挂马技术普及更助长了木马的传播与黑客的发展壮大。

挂马网站起着传播木马与其他恶意程序的作用。擅长网络攻击的黑客传播木马的主要手段之一就是挂马。通过挂马广泛传播木马后,专职盗号者就可以获得用户的敏感信息。

(2)利用第三方漏洞

当人们日渐明白操作系统打补丁的重要性时,黑客利用操作系统漏洞的机会便越来越少,为了能够达到攻入用户电脑的非法目的,黑客把目标转移到应用软件漏洞上来。被黑客关注的应用软件都是装机量很大、用户量很多的热门软件,如下载软件、视频播放软件、文字处理软件等,这些软件都成了黑客重点挖掘漏洞的对象。

大多数的病毒制造者是把别人挖掘的漏洞加入自己的程序中。但随着黑客人数的日益增多,会有越来越多的第三方软件漏洞被黑客发现并利用。

(3)网游木马

网络游戏的普及性、玩家的大众化、虚拟游戏世界的被认知性、虚拟装备的稀缺性等原因,导致网络游戏财产方面的市场需求十分旺盛,因此交易内容也多以网络游戏的账号、密码、虚拟钱币、虚拟游戏装备为主。正是在这种市场环境下,网络游戏盗号者在盗取完成后,在正规的网络交易平台进行正常的交易;交易完成,虚拟世界的钱币与物品得以兑换成为现实货币,最终虚拟财产便就此具备了现实的实际价值。

通过对一些数据的分析可知,网游木马在以后仍然会不断地增加。做好各种防护准备是保护信息安全的重要前提。

三、网络信息安全威胁的动机

俗话说,知己知彼百战百胜。互联网上面临众多的安全威胁,找到这些安全威胁的动机是解决安全问题的关键,威胁安全问题的实体是入侵者,因此识别入侵者是一项烦琐而艰巨的任务。了解入侵者攻击的动机可以帮助用户洞察网络中哪些部分容易受攻击以及入侵者最可能采取什么行动。在网络入侵的背后,通常有以下五种形式的动机。

商业间谍。所谓商业间谍,就是为了获取商业秘密,渗透进入某公司内部,搜寻该公司的秘密并出卖给其竞争者的人。入侵者的主要目的是阻止被入侵站点检测到公司的系统安全已受到危害,同时大量窃取机密信息。随着企业内部网大量接入因特网,商业间谍引起了人们广泛关注,据不完全统计,由于商业间谍的入侵，美国各大公司每年一共要损失100亿美元以上。研究表明，商业贸易经常受到来自公司内部持有异议和不诚实雇员的攻击。这些攻击包括收集机密信息、滥用职权及其物理访问权、内部黑客攻击、雇佣外来黑客攻击等。

经济利益。经济利益是一种比较常见的网络攻击目的。攻击者非法获取访问权，然后偷取钱财或者资源以获得经济利益。例如，一名不诚实的职员将资金从公司的账号上转移到自己的私人账号上；因特网上的黑客进入银行系统进行非授权访问并转移资金。

报复或引人注意。网络攻击同样可以以报复为目的或者以扬名为目的。例如，被解雇的职员可以在离开公司之前安装特洛伊木马程序到公司的网络上。有时候，一名黑客会通过攻破一个网络来炫耀其技能以便扬名。有些销售商为了完善自己的网络安全产品也会给成功入侵他们网络安全产品的人们提供奖金。

恶作剧。入侵者闲得无聊又具备一定的计算机知识，因此总想访问他所感兴趣的但又被拒绝访问或要求付费的站点。

无知。入侵者正在学习计算机和网络，无意中发现的一些网络弱点可能导致某些数据被毁。

第三节　网络信息的安全攻击

一、网络信息的安全攻击的定义

攻击是一种利用漏洞来破坏控制系统的行为。漏洞是控制系统中已标识出来的缺陷，但没有对该缺陷进行控制，或控制不再有效。攻击与威胁不同，威胁总是存在的，而攻击在实施某种行为并导致潜在的损失时才存在。

网络攻击就是网络安全威胁的具体体现。Internet目前已经成为全球信息基础设施的骨干网络，由于计算机网络本身的特点对信息的安全性已经构成了威胁，操作系统、应用软件、硬件设备等都或多或少的存在一些安全漏洞，网络协议本身也存在一定的安全隐患，这些都为攻击者攻击网络信息系统提供了机会与条件，影响网络信息安全。

目前网络攻击还仅限于破解口令与利用操作系统已知漏洞等几种方法。伴随着网络信息技术的不断发展，网络攻击技术已经逐渐成为一门完善的科学，它涵盖的内容比较广泛，包括攻击目标系统采集、目标使用权限的获取、攻击实施、开辟后门、攻击痕迹的清除等。

关于计算机网络与系统安全问题的攻击与防范越来越得到人们的重视，只是计算机网络信息技术的不断发展，也为一些想要成为黑客的人，提供了必要的条件，网络攻击技术与攻击工具的迅速发展，也使得网络信息安全将会面临不同程度的风险。

为了确保网络信息的安全，就需要克服多种威胁，加强对网络攻击技术的了解，采取多种可行的防护措施。不管是采用什么样的措施，都不可能确保绝对意义上的安全，只能确保相对意义上的安全。在具体的操作过程中，时间因素与经济因素都是衡量安全性的重要指标。

二、网络信息安全攻击的过程

攻击行为的发生一般有三个阶段，即攻击准备、攻击实施和攻击后处理。当然这种攻击行为有可能对攻击目标不造成任何损伤或者说攻击失败。

（一）攻击准备

攻击准备阶段可以分为两个过程。一个是确定攻击目标，另一个是信息收集。在攻击之前确定攻击目标，以及想要实现什么样的攻击效果、给对方造成什么样的后果。攻击目的一般包括破坏型与入侵型。

破坏型攻击与入侵型攻击是两种完全不同的攻击，破坏型攻击是破坏原有的目标，使其停止正常工作，而不是控制目标系统的运行。入侵型攻击是在获取一定权限之后，实现控制目标或者是窃取信息的目的，这种攻击比较常见，但是危害也比较大，攻击者一旦获取攻击目标的权限后，就会对服务器实施毁灭性的攻击。

攻击目标一旦确定，攻击者就会尽可能地收集有关攻击目标的信息，以帮助其实施攻击，关于攻击目标的信息主要指服务器程序的类型、版本、性能、目标操作系统的类型、版本等。

（二）攻击实施

当相关信息收集到一定程度之后，攻击者就会实施攻击，如果是破坏型攻击，攻击者利用必要的工具发动攻击就可以了。如果是入侵型攻击，攻击者一般是先利用收集到的信息，寻找系统的漏洞，根据漏洞得到一定的权限，然后根据实际情况确定下一步的计划。一般情况下攻击者得到了用户的权限后就可以实施攻击，但是部门攻击者会想方设法获得用户的最高权限，这不仅仅是为了实现攻击的目的，更是为显示攻击者的实力。

（三）攻击后处理

攻击者实现攻击之后，如果立即离开系统而没有后续工作的开展，攻击者的行径很容易被管理人员发现，因此攻击者在实施攻击之后需要进行相关的善后工作。网络操作系统具有提供日志记录的功能，会将系统上发生的事件记录下来，攻击者完成攻击之后，要处理之前攻击行为留下的痕迹。

如果是破坏型攻击者，攻击者需要隐藏自己的踪迹，有时候还需要收集信息，用于评估攻击过后的效果。如果是入侵型攻击者，也需要隐藏自己的踪迹，攻击者可以利用自己获取的权限任意修改系统上的文件。隐藏踪迹最简单的方法就是删除日志，这样可以删除自己的踪迹，但是也意味着告诉了管理员系统已经被入侵，这样暴露的可能性无异于增加了。正确的方法是修改日志中与攻击行为相关的内容，不能将日志全部删除。修改日志也并不代表万无一失，不能确保修改过后任何痕迹都没有，攻击者可以通过替换一部分系统程序的方法进行踪迹隐藏。攻击者在第一次攻击成功之后，很有可能会进行第二次攻击，这就需要留下后门，方便后续的进攻与登录。除此之外，还有一种需要攻击者具备良好的编程技巧才可以实现的攻击，即修改系统的内核使管理员没有办法发现攻击行为。

三、网络信息攻击的类型

网络信息攻击的主体是黑客，网络信息攻击的工具以木马、后门和蠕虫病毒为主，网络信息攻击的主要类型如下。

（一）口令入侵

口令入侵指利用一些合法的账户与口令登录到目的主机，然后实施攻击活动。这种攻击实施的前提是事先获得主机上的合法账户，利用合法账户获得口令，最终实现攻击的目的。获取一般用户账号的方法有很多，简单归纳，如下所示。

第一，利用电子邮件地址，收集相关信息。

第二，利用目标主机的 Finger 功能。当使用 Finger 相关功能时，主机系统会自动保存用户的资料。

第三，查看主机是否具有习惯性账号。很多系统具有习惯性账号，这样就增加了信息泄露的风险。

口令入侵的方法有三种，如下所示。

第一，利用系统管理员的失误。人毕竟不是完美的，或多或少都会出现失误，计算机系统中会有用户的基本信息，管理员在操作的过程中可能会出现失误，黑客在发现之后，可以利用失误突破，获取口令文件之后，再使用专门的破解程序进行破解，最终攻击用户系统。

第二，通过网络监听。这是一种非法的获取口令的方法，这种方法的危害很大。我们对于监听已经有简单的了解，监听者会使用中途截取的方法，获取信息、用户账号、密码。很多信息在传输的过程中并没有加密，只要利用数据包截取工具就可以轻松获取用户的账号与密码。有的攻击者会利用软件与硬件工具时刻监视系统主机的工作，等待用户登录之后，获取用户的账号与密码。还有一种更恶劣的方法，即在用户与服务器端完成"三次握手"之后，通过在通信过程中扮演第三方的角色，假冒服务器端欺骗用户，并假冒用户向服务器端提出恶意请求，这样的攻击方式是很恶劣的，后果很严重。

第三，得知用户的账号后，利用专门的软件进行强制性的破解口令。这种方式不受网络的限制，但是攻击者要具备足够的耐心。操作过程会耗费大量的时间，但是整个破译的过程都是计算机程序自动完成的，虽然耗时比较长，但是可以在几个小时的时间内将十多万条记录都尝试一遍。

（二）放置特洛伊木马程序

特洛伊木马程序可以直接攻击用户的电脑，并实行破坏行为，经常出现在各种游戏程序中，用户在打开游戏的过程中也就意味着打开了含有木马程序的软件，执行信息安全理论与技术程序之后，木马就会留在用户的电脑之中，用户的计算机系统中会隐藏着一个可以在 Windows 启动时悄悄执行的程序，一旦用户连接到网络，程序就会自动通知攻击者，攻击者在接到这些信息后，会利用潜藏在用户电脑中的程序，肆意修改、删除、复制用户硬盘中的内容，进而实现控制用户计算机的目的。

（三）WWW 的欺骗技术

用户会利用计算机网络浏览各种各样的网络站点，如浏览各种新闻、咨询问题等，很多用户在浏览的过程中可能不会进行严格的筛选，往往是随机选择，可能他们也不会预想到自己平时浏览的网站已经被黑客攻击、篡改，自己浏览的网页已经出现了问题，用户一旦浏览，就会向黑客服务器发出信息，黑客就会达成欺骗的目的。

这种欺骗技术最常用的两种方法就是 URL 地址重写技术与相关信息掩盖技术。尤其是 URL 地址重写技术，攻击者可以将自己的网络地址加在所有

URL 地址前面，这样一般用户是很难分辨出来地址的安全性与有效性的，他们会在不知不觉中进入攻击者的网络地址，一旦浏览器与某个站点相连接，黑客就可以在地址栏与状态栏中获取用户的相关信息，用户在发现不对的情况下，攻击者会利用 URL 地址重写技术的同时，应用相关信息掩盖技术，以实现欺骗的目的。

（四）电子邮件攻击

电子邮件在日常生活中应用的十分广泛，因此也有一部分攻击者会选择利用电子邮件进行攻击，常见的攻击手段有向邮箱发送大量没有意义的垃圾邮件，最终使邮箱撑破没有办法继续使用。如果垃圾邮件的发送流量特别大，那么可能造成邮件系统对正常操作产生影响，甚至出现系统瘫痪的现象，对于一般的攻击手段来讲，电子邮件攻击具有很强的破坏性，也是一种相对简单的攻击手段。电子邮件攻击的方式主要有两种，如下所示。

第一，电子邮件欺骗。攻击者假装自己是系统管理员。给用户发送邮件，要求用户执行自己的要求，修改口令，邮件看似正常的附件中带有病毒或者木马程序，攻击用户的计算机。

第二，邮件轰炸。利用伪造的 IP 地址向同一邮箱发送大量的内容相同的垃圾邮件，迫使用户的邮箱被轰炸，严重的话会造成用户电子邮件系统不能正常运行甚至是瘫痪。

（五）网络监听

网络监听是一种比较高级的攻击方法，主要指监听主机的一种工作模式，攻击者可以接收到主机在同一条物理通道所传输的所有信息。系统校验密码时，用户输入的密码会从用户端传送到服务器，攻击者可以在传输过程中进行监听。如果碰巧遇到传输信息的两个主机都没有对信息加密，攻击者只要使用特定的网络监听工具就可以获得信息。监听还是存在一定的局限性的，但是利用监听可以获得所在网络的所有用户的账号与密码，为网络攻击奠定了基础。

（六）利用黑客软件攻击

利用黑客软件攻击进行是计算机网络中出现频率比较高的攻击方法，很多著名的特洛伊木马可以通过非正常的手段获取用户电脑的使用权限，进一步实现对电脑的控制，除了可以任意修改、删除、复制文件之外，还可以获取用户的密码，盗取用户的相关信息。

黑客软件可以分为服务器端与用户端，攻击者在进行攻击的时候，可以通过用户端程序登录，服务器端程序比较小，一般会附在某些游戏软件之中，如果用户下载了一个小游戏，打开的过程中，黑客软件的服务器端就会显示安装完成。很多黑客软件的适应能力与重生能力比较强，用户想要彻底清除它们并不容易，彻底清除有时候会对计算机上原有的软件造成影响。很多木马程序特别善于伪装，往往会伪装成图片或者是其他格式的文件。利用黑客软件进行攻击的常见攻击过程如下。

①信息的收集。
②系统安全弱点的探测。
③建立模拟环境，进行模拟攻击。
④具体实施网络攻击。
⑤协议攻击。
⑥拒绝服务攻击。
⑦网络嗅探攻击。
⑧缓冲区溢出攻击。

（七）安全漏洞攻击

计算机系统中都会出现安全漏洞，有一些漏洞是为了日后维修故意设计的，还有一些漏洞是操作系统或者软件本身具有的。很多系统在不检查程序与缓冲之间变化的情况下，就会出现数据输入长度的无限制，如果将溢出的数据放在堆栈里，系统仍然不会出现异常，依然照常执行命令，这种情况就比较危险，攻击者只要发出超过缓冲区可以承受的数据，系统就会自动陷入不稳定状态。

攻击者会使用不同的方式攻击用户的计算机，进而获得用户网络的绝对控制权，常见的蠕虫病毒可以对服务器进行拒绝服务攻击，这种病毒的繁殖能力比较强，会通过不同类型的软件向众多的邮箱发送垃圾邮件，最终导致邮件系统出现问题，直至崩溃，计算机网络一旦出现问题，就会影响人们的日常生活，甚至会造成经济损失。不管是个人还是组织都要掌握一定的计算机网络信息知识，尽量避免出现不必要的错误。

四、网络信息安全的实现

（一）网络信息安全实现的意义

保护信息安全所采用的一系列手段也被称为安全机制，这样看来，安全机制也可以理解为针对某些特定的攻击威胁而出现的，可以根据不同的方式单独或组合使用。要根据具体的情况，合理使用安全机制，规避安全风险。

信息安全并不是一个绝对意义上的信息加密技术，不限于一个技术，涉及的范围比较广泛。完整的信息安全系统应该包括技术方面、管理方面、法律方面，从内到外保护信息安全。

为了保护信息安全应该从信息的传输、存储、审计三方面共同努力，再配合适当的信息安全技术，全方位地保护信息安全。计算机技术发展到如今，信息安全关系到个人隐私、企业发展、国家机密等多方面的安全，有效地推动信息安全有助于社会稳定。

（二）网络信息安全技术

1. 信息加密

信息加密指使有用的信息变为看上去没有价值的乱码，也就是说攻击者没有办法在短时间内破解信息的内容，以此起到保护信息的作用。信息加密是保障信息安全的重要手段，是基础也是核心。

信息加密由不同形式的加密算法构成，是以最小的代价换取最大的价值的安全保护方法。由于客观条件的限制，信息加密是最常见的用于保障信息安全的一种方式。到目前为止，根据不完全统计，已经公开的加密算法已经多达上百种，合理地利用各种加密算法可以有效地保护信息安全。在实际的应用中，人们不会只使用一种加密算法，可以将两种加密算法结合起来使用。

2. 数字签名

（1）签名过程

签名过程就是利用签名者的具有隐私性的信息作为密钥，对单元数据进行加密，确保信息的安全性与机密性。

（2）验证过程

验证过程就是利用公开的规则与信息来确定签名的可靠性，确定与该签名者的私有信息是否相符。

数字签名是在数据单元上附加数据，对数据单元进行密码变换的过程。通过附加数据或者密码变化，可以让接收者证实数据单元的来源与完整性，但并不能推测出签名者的私有信息。数字签名与日常的手写签名的效果是一样的。

3. 数据完整性保护

数据完整性保护是确保信息安全的重要方式，可以用于防止数据出现非法篡改，除此之外，数据的完整性保护还可以用于提供不可抵赖服务，只有信息可以保证完整性，在验证的过程中无法被模仿时，接收信息的一方才可以确定发送信息一方的身份。

4. 身份鉴别

通过确定通信双方的身份确保信息的顺利传递。网络对于用户的身份信息也有必要进行确定，确保合法的用户可以进行正确的操作与审计。用于验证用户身份的途径一般有三种，如下所示。

第一，口令、密码。

第二，用户携带的智能卡。

第三，签字、指纹等。

5. 网络控制技术

网络控制技术的种类比较丰富，虽然目前还没有形成统一的理论，但是在不同的情况下，为了实现不同的目的，选择合适的网络控制技术可以发挥出令人满意的功效。下面是几种常见的网络控制技术。

（1）防火墙技术

防火墙技术对于我们来讲还是比较熟悉的，防火墙技术可以有效地保护网络信息安全，可以促进网络信息系统合理有序地运行。

防火墙可以分为外部防火墙与内部防火墙，内部防火墙可以将内部网络划分成不同的局域网，有效地限制外部攻击，保护网络信息安全。外部防火墙是在内部网络与外部网络连接时构建保护层，积极抵御黑客的入侵，有效地抵挡外部不良信息的进入，并可以保护内部机密信息不被泄露。

（2）入侵检测技术

这种检测技术是一种有效的安全防护手段，可以保障计算机网络信息安全。入侵检测技术可以通过实时收集与分析计算机网络中的信息，检测是否出现被入侵的事件，有效地预防攻击。

（3）内网安全技术

黑客、间谍、不良员工都会对网络信息安全造成不良影响，再加上科技的进步，不仅仅是提升了信息交换的便利，更是提高了网络信息威胁。为了确保网络信息的安全，不仅要提高计算机对外的安全防范措施，还要确保计算机信息网络内部的安全，一定要加强对相关人员的管理与教育，防止出现因个人品德出现问题给整个网络系统带来的危害，确保信息的安全，完善身份认证，保护信息交换的渠道，全面提高网络信息安全性。

（4）安全协议

纵观整个网络系统其安全强度还是取决于所使用的安全协议的安全性。安全协议的设计与改进有两种方式，一是对现有的网络协议进行修改与补充，确保网络协议的有效性，二是在网络应用层与传输层之间增加安全子层，确保网络系统的安全性。安全协议可以实现对用户信息的确认、防止信息的重复传递、提高加密数据的安全性等。

6. 反病毒技术

计算机病毒的特点，如下所示。

①非法性。

②隐蔽性。

③衍生性。

④病毒侵害的主动性。

⑤衍生体的可激发性。

⑥病毒行为判断的难以确定性。

计算机病毒本身的特点造成了我们应对时的困难性，有关计算机病毒的研究已经成为一个重点与难点，即使是普通的计算机用户，虽然没有必要研究计算机病毒的发展与防治措施，但是掌握必要的计算机病毒的知识，配备必备的计算机杀毒软件也是十分有必要的。

7. 安全审计

安全审计主要是预防内部犯罪，可以作为事故后调查取证的基础，通过对相关的事件进行记录，发现系统的故障与错误或者是找到遭受攻击的原因。安全审计可以有效确保信息安全，是一种很有价值的安全机制。

安全审计可以用于检测安全策略的执行情况，也可以用于检测安全遭到破坏的情况，在安全审计之后对于安全相关的信息应该及时记录，并进行归档分析，日后若出现类似情况具有借鉴意义。

安全审计技术是信息系统自动记录机器使用的时间、相关操作等，安全审计可以对系统中发生的事故进行查询，可以在事故发生前对事故进行预测，还可以处理事故发生后的相关事宜。安全审计技术不仅是对事故有相关记录，对于正常的操作也有记录，毕竟有些看似正常的操作并不一定是真正的正常。安全审计技术应该具备一定的防止非法删除与修改的功能，这样才可以提供安全服务。

8. 业务填充

业务填充指在业务闲时发送的没有价值的随机数据，进而增加攻击者通过流量获得信息的困难程度，是一种可以确保信息安全的有效方式，是通过在数据单元中填充假数据以确保信息安全的安全机制。该机制可以应用于不同等级秘密信息的保护，以防止别有用心之人对业务进行分析，同时也增加了对信息的破译难度，确保信息的安全性。发送的随机数据应具有良好的模拟性，不能让人一看就是假的，这种安全机制只有在业务填充受到保密性服务时才有效果，否则不会具备安全性。

9. 公证机制

公正机制是对两个及两个以上实体之间进行通信的数据的性能，包括目的、时间、完整性等，由公证机关得以确保，这种保证是由第三方提供的，经过公证对于信息的安全又有了一层保障，公证者可以用证实的方法为通信实体提供所需的保证。通信实体可以使用合适的方式适应公证者提供的服务。在用到公证机制时，数据可以通过受保护的通信实体与公证者，在各个通信实体之间进行通信，经过公证的数据增加了所含信息的安全性。

第三章　信息技术的发展与网络空间信息安全

互联网的诞生是信息技术发展过程中的里程碑事件。随着互联网的发展，越来越多的设备被接入，越来越多的业务依托于互联网，信息化发展从计算机网络阶段迅速进入到网络空间阶段。本章分为信息技术发展与网络空间构建与网络空间信息安全两个部分。

第一节　信息技术发展与网络空间构建

一、信息技术与网络的发展

信息技术（IT），广义上指充分利用和扩展人类器官功能进行信息处理的各种方法、工具与技能的总和。自人类诞生以来，信息技术已经历了五次革命。第一次是语言的产生，发生在距今35000～50000年，拉开了人类进行信息传递的帷幕；第二次是文字的发明，大约发生于公元前3500年，使信息传递第一次突破了时间和空间的限制；第三次是造纸术和印刷术的发明与普及，始于公元1040年中国活字印刷术的发明，大大降低了信息传递的成本，提升了信息传递的效率，初步为大众传播时代的到来奠定了基础；第四次是电报、电话、广播、电影和电视的发明与普及，始于1837年有线电报机的问世，电磁波的运用使信息传播再次显著突破时空限制，全面进入大众传播时代；第五次信息技术革命始于20世纪40年代，其标志是电子计算机的普及，计算机与现代通信技术的有机结合带领人类进入了数字信息传播时代。

狭义的信息技术指利用与计算机、通信、感知控制等各种软、硬件技术设备，对信息进行加工、存储、传输、获取、显示、识别及使用等高新技术之和，它强调信息技术的现代化与高科技含量，但在本质上仍是人类思维、感觉和神经系统等信息处理器官的延伸。

信息技术与通信技术的融合发展是第五次信息技术革命的显著特征。此前，信息技术与通信技术是较为独立的两个范畴，前者偏重信息的编码与解码，以及在通信载体中的传输方式，后者则注重传送技术。随着技术的融合发展，两者逐渐密不可分，现代信息通信技术（ICT）也逐渐发展成为20世纪90年代以来最具影响力和代表性的新技术集合。如今，以计算机及其网络为核心的现代信息通信技术已经渗透到人类经济和社会生活的各个领域，为全球网络空间的形成和发展奠定了技术基础。

（一）计算机技术发展简史

计算机的产生是20世纪最重大的科学技术事件之一。从1946年2月14日第一台电子计算机诞生，至今已经历了六代变化，即电子管—晶体管—集成电路—大规模集成电路—微型电子—智能电子。它影响了人类社会活动的各个领域，成为人们生活中不可缺少的一部分。

1. 电子管计算机

（1）电子管计算机的问世

第一代电子管计算机是在战争硝烟中诞生的，它问世于1946年，是美国宾夕法尼亚大学和阿伯丁弹道研究实验室共同研制成的，是世界上第一台全自动通用型电子计算机。作为始祖，该计算机体积庞大，占地面积170多平方米，共用18000个电子管，700只电阻和10000只电容器，每秒运算5000次，耗电150千瓦，质量约30吨，长达30米。因为在第二次世界大战中，美国政府为了开发潜在的战略价值，所以想要发展计算机技术，目的在于计算炮弹及火箭、导弹武器的弹道轨迹。

（2）电子管计算机的特征

它的主要特点是用电子管代替机械齿轮和继电器作为基本元件，操作指令是为特定任务而编制的，并且每种机器有各自不同的机器语言，因此所具有的功能会受到限制，且运行速度比较慢。这一时期的电子计算机以真空电子管为主要元件，整机围绕中央处理器（CPU）设计，采用磁芯、磁鼓或延迟线为存储器。应用范围主要是科学计算。其缺点是造价高、体积大、耗能多、故障率高。

2. 晶体管计算机

（1）晶体管计算机的问世

科学家们不断努力探究，想用一种较小的元件来代替电子管，从而提高计算机的运行速度，来弥补第一代计算机的缺陷。于是1947年美国贝尔实验室研制出了晶体管。1958年，美国麻省理工学院研制出晶体管计算机，揭开了第二代计算机的序幕。

（2）晶体管计算机的特征

这个时期的计算机用晶管代替了真空管，以晶体管为主要元件，它还具有现代计算机的一些外部设备，如磁带、打印机、磁盘、内存、操作系统等。整机围绕存储器设计，采用磁芯为存储器。计算机的速度已提高到每秒运算几十万次，内存容量也提高不少，机器造价变低、体积及重量变小、耗能变少。在这一时期也出现了更高级的编程语言和公式翻译程序语言，应用范围扩大到数据处理。如民用，在工业、交通、商业和金融等方面开始应用计算机。此外，计算机的实时控制在卫星、火箭的制导上发挥了重要的作用。这时的计算机已经在工业自动控制和事务管理中发挥其效能。

3. 集成电路计算机

（1）集成电路计算机的问世

当计算机发展到晶体管计算机时，它所具有的功能与目前使用的计算机就有些相似了，但其还是存在诸多问题的，因此，为能够让计算机更好地为人类服务，科学家们在第二代计算机的基础上又研制出了第三代计算机。第三代计算机为集成电路计算机。集成电路的发明进一步提升了计算机的硬件性能，半导体存储器淘汰了磁芯存储器。开始出现的小型机使更多企业也能够应用计算机。① 1952 年，英国雷达研究所提出了集成电路的设想；② 1956 年英国的福勒和赖斯发明了扩散工艺；③ 1957 年英国普列斯公司与马尔维尔雷达研究所合作；④ 1958 年美国得克萨斯州仪器公司又研制出振荡器。在数字、模拟集成电路均已出现的背景下，1964 年美国国际商用机器公司——IBM，推出了IBM-360 型计算机，这标志着计算机跨入了集成电路时代。这个时期的计算机以集成电路为主要元件，出现了大型主机的终端概念。

（2）集成电路计算机的特征

这时的计算机体型变得更小，消耗的能量比之前两代计算机减少很多，速度已达到每秒亿次运算。软件方面出现了实时操作系统和分时操作系统，出现了文件系统。在运用上已和通信网络相结合，构成联机系统，并已实现远距离通信，多用户使用一台计算机。

4. 大规模集成电路计算机

（1）大规模集成电路计算机问世

既然集成电路有如此之多的好处，那么，如果能够大规模地应用集成电路会给计算机的发展带来什么样的效果，就这个问题，科学家们进行了再次突破研究。大规模集成电路和超大规模集成电路大量在计算机内使用。微型机的出现使计算机的应用扩展到个人用户，也习惯称为个人计算机。功能极其强大的大型计算机和巨型计算机也相继问世。硬件更新换代的速度越来越快，终于在1967年大规模集成电路问世。①1970年美国英特尔公司实现了把逻辑电路集成在一块硅片上的设想，在0.6英寸×0.8英寸（1英寸=2.54厘米）的面积上摆下了2250个晶体管；②1971年英特尔公司制成了单片式的中央处理器（CPU）；③1971年英特尔公司首次推出了微处理机MCS-4，这标志着计算机发展至第四代。1974年8位微处理机问世，1981年英特尔公司推出了32位机，此时，计算机开始向巨型化和微型化两极发展。

（2）大规模集成电路计算机的特征

这个时期的计算机不仅逻辑电路采用了大规模集成电路，内存也采用了集成电路。应用领域为飞机和航天器的设计、气象预报、核反应的安全分析、遗传工程、密码破译等，并开始走向家庭，应用于家务收支结算、游戏、学习等。由于集成度更高，出现了微型机概念，软件更加丰富，操作系统进一步强化和发展，出现了数据库系统。

5. 微型电子计算机

（1）微型电子计算机的问世

微型电子计算机是在第四代计算机的基础上发展起来的，它是为了解决第四代计算机的不足而出现的。20世纪80年代初，世界上开始谈论这种以智能处理为特征的机器。由于计算机辅助工程（CAE）技术与集成电路工艺的发展，使过去设计大规模集成电路的周期从以前的四年缩短到几周甚至几天，而且在5～8年时间里计算机的运算速度提高了十几倍，体积和重量降低成原来的十分之一，而可靠性则提高了十倍，价格是原来的十分之一。科学家又在考虑新材料或非电子材料的计算机。现在，一台普通个人计算机的价格只有几千元，计算机真正走入了家庭，微型电子计算机以惊人的速度向前发展。1950年全世界仅有25台计算机，1994年全世界已有1亿7千3百万台计算机。我国计算机发展也很快，特别是微型电子计算机。

（2）微型电子计算机的特征

微型电子计算机的发展使计算机的应用步入了多个领域：计算机可以控制机械制造零部件；可使卫星进入正确轨道；可以代替医生诊断疾病，自动开处方；可以代替交通警察管理城市交通；还可以编辑稿件、打字、排版，对语言进行处理，自动翻译等。

6. 智能电子计算机

（1）智能电子计算机的问世

计算机为我们的生活带来了便利，我们利用它进行工作、学习以及做其他的事情。随着科技的不断发展，第六代计算机应运而生，它被众人称为智能电子计算机，它是比第五代计算更适合人们工作、生活、学习使用的新一代计算机。

（2）智能电子计算机的特征

它是一种有知识、会学习、能推理的计算机，它具有理解自然语言、声音、文字和图像的能力，它能够实现人机用自然语言直接进行对话。它可以通过已有的知识进行思维、联想、推理，最后得出结论来帮助人类解决问题。

（二）计算机网络发展简史

现代信息通信技术构筑了电信网、广播电视网、互联网等多种网络，其中互联网是对人类现实生活影响最为广泛和深远的网络，毫无疑问，互联网已经成为人类发展史上的一座重要的里程碑，标志着网络信息社会的来临。总体来看，互联网从萌芽至今大致经历了四个主要发展阶段。

1. 诞生阶段

20世纪60年代中期之前，第一代计算机网络是以单个计算机为中心的远程联机系统。其中最为典型的应用是通过一台计算机和全美国范围内2000多个终端所组成的飞机订票系统。终端是一台计算机的外部设备，只包括显示器和键盘，并没有CPU和内存（如图3-1）。

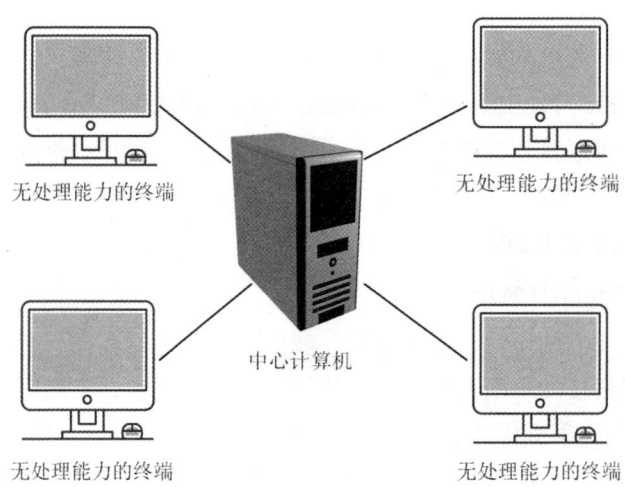

图 3-1 "终端"计算机网络

2. 形成阶段

20 世纪 60 年代中期至 70 年代，第二代计算机网络是以多个主机通过通信线路互相连接起来的系统（如图 3-2 所示）。其中最为典型的代表是美国国防部高级研究计划署协助开发的阿帕网，主机之间并不是直接用线路进行连接的，而是通过接口信息处理机（IMP）转接后互连。通信任务主要依靠 IMP 与它们之间互连的通信线路一起来负责，这也就构成了通信子网。通信子网互联的主机负责运行程序，提供资源共享，组成了资源子网。这个时期，网络的概念为"以能够相互共享资源为目的的互连起来的具有独立功能的计算机之集合体"，从而形成了计算机网络的基本概念。

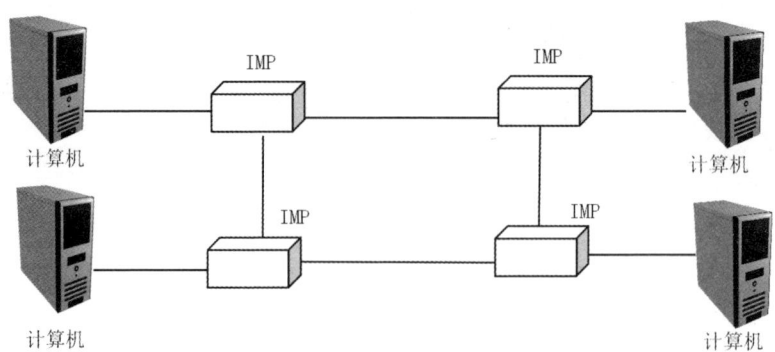

图 3-2 多主机计算机网络

3. 互连互通阶段

20世纪70年代末至90年代，第三代计算机网络是具有统一网络体系结构并遵循国际标准开放式和标准化的网络，如图3-3所示。阿帕网兴起后，计算机网络的发展逐渐迅猛，各大计算机公司也相继推出了自己的网络体系结构以及相关软、硬件的产品。但是，由于并没有设置统一的标准，因此，不同厂商的产品之间互连比较困难。在这种情况下，人们迫切需要一种开放性的标准化网络环境，于是，两种国际通用的最重要的体系结构应运而生，即TCP/IP体系结构和国际标准化组织的OSI体系结构。

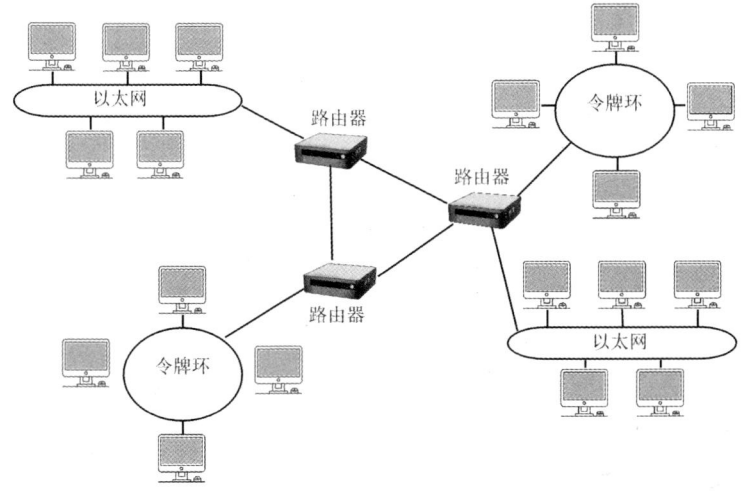

图3-3 第三代计算机网络

4. 高速网络技术阶段

20世纪90年代末，第四代计算机网络应运而生（如图3-4所示），这也就是我们当前所使用的计算机网络。由于计算机网络技术的不断发展，逐渐出现了光纤及高速网络技术、多媒体网络、智能网络。如今的网络就像是一个对用户透明的庞大计算机系统，发展为以Internet为代表的互联网。

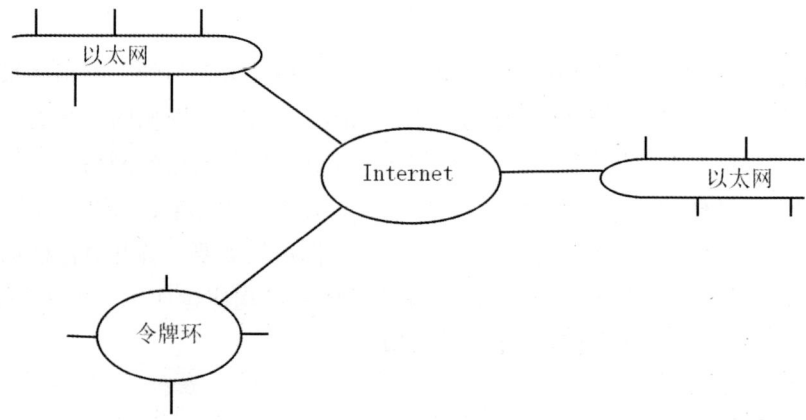

图 3-4　第四代计算机网络

（三）网络体系结构

1. 网络体系结构的定义

计算机网络的层次及各层协议的集合即为网络体系结构。具体来说，网络体系结构是关于计算机网络应设置哪几层，每个层次应提供哪些功能的精确定义。至于这些功能应如何实现，则不属于网络体系结构部分。可见，对于同样的网络体系结构，可采用不同的方法设计出完全不同的硬件和软件来为相应层次提供完全相同的功能和接口。

2. 网络分层模型的术语

图 3-5 给出了计算机网络分层模型的示意图，该模型将计算机网络中的每台机器抽象为若干层，每层实现一种相对独立的功能。

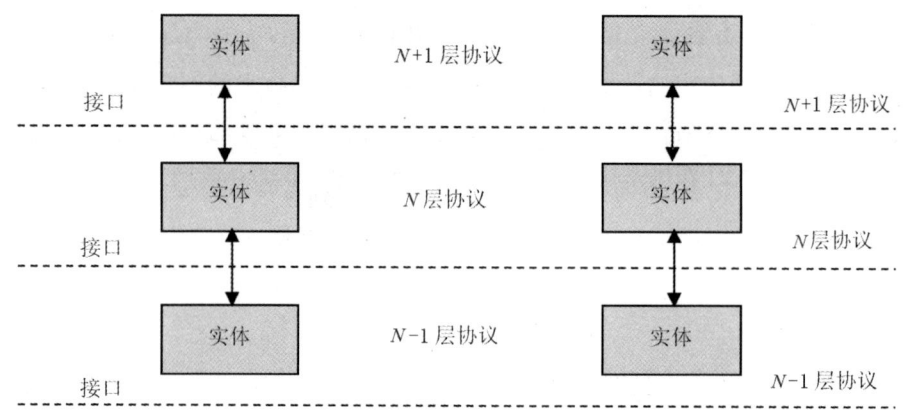

图 3-5　网络分层模型的示意图

一般用可靠性指标来衡量不同服务类型的质量和特性。在计算机网络中，可靠性一般通过确认和重传机制来实现。多数面向连接的服务都支持确认和重传机制，因此多数面向连接的服务是可靠的。但由于确认和重传将导致额外开销和延迟，有些对可靠性要求不高的面向连接的服务系统不支持确认和重传机制，即提供不可靠面向连接服务。

多数无连接服务不支持确认和重传机制，因此多数无连接服务可靠性不高。但也有些特殊的无连接服务支持确认以提高可靠性。如电子邮件系统中的挂号信、网络数据库系统中的请求－应答服务，其中应答报文既包含应答信息，也是对请求报文的确认。无连接服务常被称为数据报服务，有时数据报服务仅指不可靠的无连接服务，尽管区分并不严格，但经常被采用，请注意区别。

服务原语可被划分为四类，分别是请求、指示、响应、确认。由不同层发出的原语各自完成确认工作，如表 3-1 所示。

表 3-1 服务原语

原语	功能（含义）
请求	服务调用者请求服务提供者提供某种服务
指示	服务提供者告知服务调用者事件发生
响应	服务调用者通知服务提供者响应某事件
确认	服务提供者告知服务调用者关于它请求的答复

现在以一个连接是如何被建立和释放的，来说明服务原语的用法。某实体发出连接请求以后，接收方就收到一个连接指示，被告之某处的一个实体希望和它建立连接。收到连接指示的实体就使用连接响应原语表示它是否愿意建立连接。但无论是哪一种情况，请求建立连接的一方都可以通过接收连接确认原语获知接收方的态度。

与网络体系结构密切相关的一个非常重要的问题是网络体系结构的标准化。世界上一些主要的标准化组织在这方面做了卓有成效的工作，研究和制定了一系列有关数据通信和计算机网络的国际标准。国际标准化组织的开放系统互连参考模型、国际电信联合会的 X 系列和 V 系列建议书、美国电气电子工程师学会的 EE802 局域网协议标准以及美国电子工业协会的 RS 系列标准等都是著名的国际标准。这些标准的制定为计算机通信和网络技术的应用和发展起到了积极的推动作用。

（四）计算机网络的分类

计算机网络可按不同的分类标准进行划分。

1. 按网络拓扑结构划分

构成网络的拓扑结构有很多种，主要有总线形拓扑、星形拓扑、环形拓扑、树形拓扑和网状形拓扑，现在分别介绍各种拓扑结构的网络。

（1）总线形网络

总线形网络采用单一信道作为传输介质，所有站点通过专门的连接器连到这个公共信道（总线）上，任何一个站点发送的信号都沿着介质传输，并且能够被总线上其他站点接收到，它是一种广播网。局域网技术中的以太网就是总线形网络的一个实例，其结构如图3-6所示。

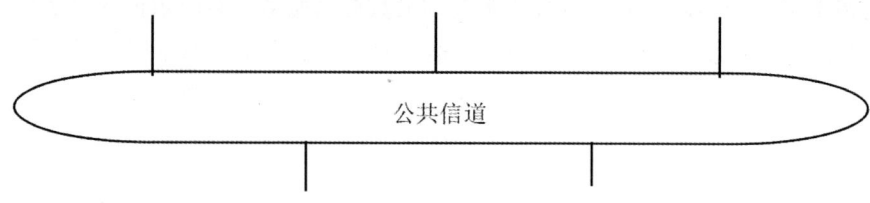

图 3-6　总线形网络

（2）星形网络

星形网络是由中央节点和通过"点-点"链路接到中央节点的各站点组成，站点间的通信必须通过中央节点进行。中央节点采用集中式通信控制策略，因此相当复杂，而其他各站点的通信处理负担都很小，星形网络的结构如图3-7所示。

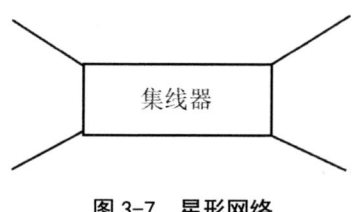

图 3-7　星形网络

（3）环形网络

环形网络是由节点和连接节点的"点-点"链路组成的一个闭合环，每个节点从一条链路上接收数据，然后以同样的速率串行到另一条链路上发送出去。链路大多是单方向的，即数据在环上只沿一个方向传输。局域网技术中的令牌环网是环形网络的一个实例，其结构如图3-8所示。

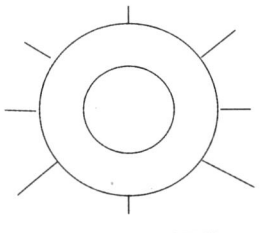

图 3-8 环形网络

（4）树形网络

树形网络是星形网络的一种变体，其构造如同星形网络一样，网络节点都连接到控制网络的中央节点上。但并不是所有的网络节点都直接接入中央节点，绝大多数网络节点是先连接到次级中央节点上再连接到中央节点上的，其结构如图 3-9 所示。

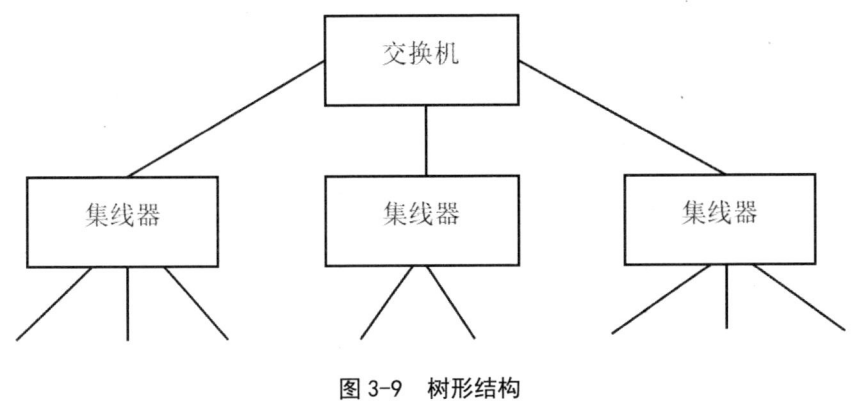

图 3-9 树形结构

（5）网状形网络

网状形网络的每一个网络节点都与其他网络节点有一条专业线路相连。网状形拓扑结构广泛应用于广域网中。由于网状形网络很复杂，在此只给出如图 3-10 所示的抽象结构图。

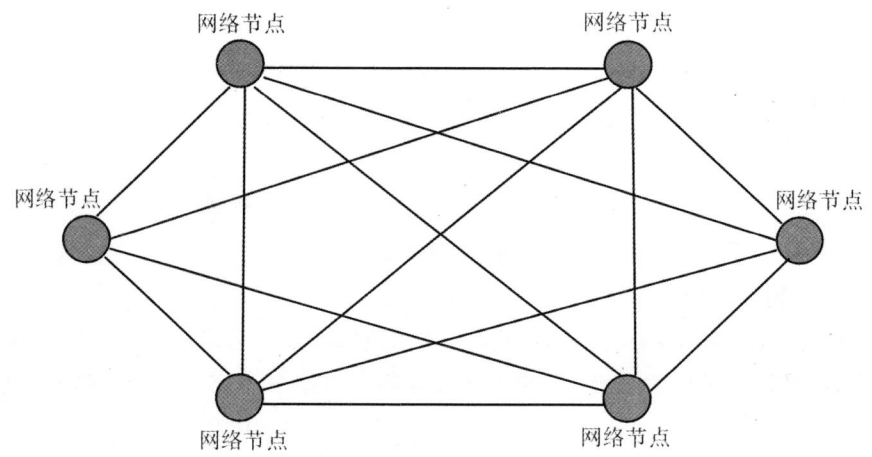

图 3-10 网状形网络

2. 按网络的覆盖范围划分

（1）广域网

广域网指的是实现计算机远距离连接的计算机网络，可以把众多的城域网、局域网连接起来，也可以把全球的城域网、局域网连接起来。广域网涉及的范围较大，覆盖半径一般从几百千米到几万千米，用于通信的传输装置和介质一般由电信部门提供，能实现大范围内的资源共享。

（2）城域网

城域网有时又称为城市网、区域网、都市网。城域网介于局域网和广域网之间，覆盖范围通常为一个城市或地区，覆盖半径一般从几十千米到上百千米。城域网中可包含若干个彼此互连的局域网，可以采用不同的系统硬件、软件和通信传输介质构成，从而使不同类型的局域网能有效地共享信息资源。城域网通常采用光纤或微波作为网络的主干通道。

（3）局域网

局域网也称局部网，是将有限的地理区域内的各种通信设备互连在一起的通信网络。局域网具有很高的传输速率，覆盖半径一般不超过几十千米，通常将一座大楼或一个校园内分散的计算机连接起来构成局域网。

（4）接入网

接入网又称本地接入网或居民接入网。它是近年来由于用户对高速上网需求的增加而出现的一种网络技术。接入网是局域网（或校园网）和城域网之间的桥接区，接入网提供多种高速接入技术，使用户接入到 Internet 的瓶颈能够得到某种程度的解决。

3. 按数据传输方式划分

根据数据传输方式的不同，计算机网络又可以分为广播网络和点对点网络两大类。

（1）广播网络

广播网络中的计算机或设备使用一个共享的通信介质进行数据传输，网络中的所有节点都能收到任何节点发出的数据信息。广播网络中的传输方式目前有以下三种。

①单播。发送的信息中包含明确的目的地址，所有节点都检查该地址。如果与自己的地址相同，则处理该信息；如果不同，则忽略。

②组播。将信息传输给网络中的部分节点。

③广播。在发送的信息中使用一个指定的代码标识目的地址，将信息发送给所有的目标节点。当使用这个指定代码传输信息时，所有节点都接收并处理该信息。

（2）点对点网络

点对点网络中的计算机或设备以点对点的方式进行数据传输，两个节点间可能有多条单独的链路，这种传播方式常被应用于广域网中。

以太网和令牌环网属于广播网络，而 ATM 和帧中继网属于点对点网络。

4. 按通信传输介质划分

按通信传输介质的不同，计算机网络可分为有线网络和无线网络。所谓有线网络是采用有形的传输介质，如双绞线、同轴电缆、光纤等作为通信线路组建的网络，而使用微波、红外线等无线传输介质作为通信线路组建的网络就属于无线网络。

5. 按使用网络的对象划分

按使用网络的对象的不同，计算机网络可分为专用网和公用网。专用网一般由某个单位或部门组建，使用权限属于单位或部门内部所有，不允许外单位或部门使用，如银行系统的网络。而公用网由电信部门组建，网络内的交换设备可提供给任何部门和个人使用。

（五）常用的网络操作系统

1.Net Ware 操作系统

（1）Net Ware 简介

Net Ware 是诺威尔公司推出的网络操作系统。Net Ware 最重要的特征是具有基于基本模块设计思想的开放式系统结构。Net Ware 是一个开放的网络服务器平台，可以方便地对其进行扩充。Net Ware 系统为不同的工作平台、不同的网络协议环境以及各种工作站操作系统提供了一致的服务。该系统内可以增加自选的扩充服务（如替补备份、数据库、电子邮件以及记账等），这些服务可以取自 Net Ware 本身，也可取自第三方开发者。

（2）Net Ware 的功能

Net Ware 具有传统操作系统的功能，但却是以非传统的方式来完成这些功能的。多数传统的操作系统不将其内存管理功能同文件功能混在一起，而 Net Ware 却是这样做的。多数传统的操作系统使用文件功能完成进程间的通信，而 Net Ware 是使用网络协议来完成进程间的通信的。Net Ware 除了具有传统操作系统的多数组成部分、管理内存、调度进程和运行设备驱动程序等以外，还尽可能高效地完成服务器功能。因为 Net Ware 要不断为存取文件请求提供服务，所以它的主体结构特征是它具有文件系统。然而，事实上，Net Ware 可以描述为具有调度程序和协议性的文件系统。通信协议是确定如何在网络上通信的规则，这些规则决定了如何建立与维护通信通道及如何将信息分组并经通道传送。多数协议是以层次的方式来实现的，这就促生了"协议栈"的概念。当网络上两台计算机之间交换信息时，它们两者都要使用相同的协议，为了从应用程序装配数据及通过网络传输数据，发送者要遵循从顶层到底层的全部规则，接收者使用相同的规则，只是以相反的顺序解包和存取数据。

2.Windows 操作系统

Windows 操作系统的发展过程分为以下三个时期。

（1）Windows 1.0 和 Windows 2.0 时期

1983 年 12 月，美国微软公司推出的 Windows 1.0 是一个完全不成熟的产品，功能极弱，在当时并没有得到实际应用。1987 年 10 月，微软公司又推出了 Windows 2.0，该软件产品采用了层叠式的窗口系统，并附加了电子表格处理软件 Microsoft Excel。不幸的是，Windows 2.0 在当时流行的计算机系统上管理性能和操作性能都不佳，所以广大的计算机用户并没有接受和使用它。

（2）Windows 3.0 时期

1990 年 5 月，微软公司推出了划时代的 Windows 3.0，它提供了全新的图形用户界面，使用户能够更方便地操作和使用计算机。尤其值得注意的是，Windows 3.0 突破了 DOS 系统的 640 KB 内存的限制，这样能在多种方式下使用扩展内存，用户的内存空间大大地增加了。Windows 3.0 具有单用户多任务的能力，用户可以让计算机系统同时运行多个应用程序。1992年4月，微软公司推出了经过改良的Windows 3.0，这是一个走向成熟的软件产品，Windows 3.1中具有True Type字体，从而实现了"所见即所得"。Windows 3.1还提供了网络通信功能，以及应用程序间信息共享的对象嵌入和动态数据交换技术。1994年8月，微软公司推出了Windows 3.2，为国内广大的计算机用户解决了中西文兼容问题。

（3）Windows 95、Windows 98和Windows NT时期

1995年8月，微软公司推出Windows 95英文版，并于1996年初正式推出Windows 95中文版。Windows 95是一个全新的操作系统软件，具有与过去Windows产品完全不同的全新用户界面，并将各种不同的系统工具有机地组织在一起，让用户能够使用图形界面来操作各种应用程序和对象。

1996年，微软公司推出了Windows NT4.0英文版，并于1997年初推出Windows NT4.0中文版。它使用的任务调度管理策略是抢占式多任务模式，这样可以充分利用CPU资源，从事多任务操作，更有效地提高操作系统的执行效率，线程之间彼此分工合作，加快了多任务操作的速度。Windows NT具有与Windows 95完全相同的操作界面，使用户更加易学易用。为了避免计算机系统出现死机现象，Windows NT还提供了完善的系统保护措施。

1998年6月，微软公司推出了Windows 98英文版，作为Windows 95的一个重要升级版本，它具有更强大的多媒体和网络通信功能，以及更加安全可靠的系统保护措施和控制机制，从而使Windows系统的功能日趋完善。

1998年8月，微软公司推出了Window 98中文版。从内部结构来看，Windows 98不但将因特网的浏览功能融入操作系统中，而且在很多功能上都有重大的改进。例如，Windows 98提供了加速应用程序的加载功能，这样不但能够监视应用程序的加载过程，对磁盘进行预先读取，而且能够通过整理磁盘碎片来将文件存放到连续的存储区域中，从而加快磁盘的读取速度。Windows 98还提供对最新硬件设备的支持，如对通用串行总线USB、正EE1394串行总线、DVD、AGP等设备的支持，并且还提供对多显示卡的支持，使计算机系统最多可以运行9台显示器，而且每台显示器可以具有不同的系统设置。

3.UNIX操作系统

（1）UNIX简介

UNIX具有充分的灵活性，UNIX操作系统是由汤普逊在贝尔实验室于1969年开发成功的。起初，UNIX是为科研人员设计的操作系统，其主要的目

标就是生成一个系统以支持科研人员不断变化着的需求。为了实现这一点，汤普逊将系统设计成能够处理很多不同种类的任务，所以灵活性变得比硬件效率更为重要。虽然像 UNIX 这样灵活的系统并不一定比那些更加灵活的与硬件相捆绑的系统快，但是 UNIX 能够处理用户所能遇到的各种各样的任务。这种灵活性使 UNIX 成为用户可用的操作系统，用户不是只限于和操作系统进行有限的、固定的交互，相反，操作系统可以为用户提供一套功能强大的工具，而且用户可以有选择地配置工具并对系统进行编程以满足他们的特殊需求。从这个意义上说，UNIX 是一个面向用户的操作系统，它是一个操作环境。

（2）UNIX 标准

虽然目前有很多不同的 UNIX 版本可用，但开发商都在致力于打造一种通用标准。IBM、Apple 和 Sun 分别支持不同版本的 UNIX，但它们具有许多的共同特征，甚至 Mot 和 Open-Look 这两种相互竞争的用户图形界面也被集成为一种新的用户图形界面，叫作公用桌面环境。IEEE 的第 1003 号项目，是为了开发一种独立的 UNIX ANSI 标准，这种新的 UNIX ANSI 标准被称为计算机环境的可移植操作系统界面。这个标准定义了类 UNIX 系统应如何操作以及系统调用和接口等的细节内容。

（3）UNIX 组成

UNIX 通常可以分为四个主要部分：内核、壳(Shell)、文件结构和应用程序。内核是运行程序和管理磁盘、打印机等硬件设备的核心程序。Shell 则为用户提供了接口，它从用户处接受命令并将命令发给内核执行。文件结构则负责组织文件在磁盘等存储设备上的存储方式，文件是按目录的方式进行管理的，每个目录可以包含任何数目的子目录，每个子目录可包含文件。

内核、Shell 和文件结构共同构成了操作系统的基础结构，通过这三个模块，可以运行程序、管理文件以及同系统交互。另外，有一些外加的软件程序，即应用程序，也逐渐被认为是 UNIX 的标准特征，应用程序是一些特殊的程序，例如，编辑器、编译器和通信程序等，它们都执行标准的计算机操作。用户也可以生成他们自己的应用程序。

计算机、内核、Shell 以及应用程序之间的关系可以描述成一系列同心圆，这些同心圆说明了在用户和计算机之间的层次结构。在中间，是计算机本身，包括打印机、磁盘驱动器和其他的外围硬件设备。内核控制着硬件、程序的运行以及文件存储。Shell 与内核交互，把从用户接受的命令发送给内核。用户只会与 Shell 通信，而不会直接与内核通信，利用 Shell，用户可以运行不同的程序，如编辑器或通信程序。一系列的标准程序就是所谓的应用程序。

二、网络空间的建构及其现实效应

(一) 网络空间的概念与建构

1. 网络空间的概念演进及其内涵

随着人类生活与计算机网络系统的广泛融合,网络空间的概念一直处于演变之中。从狭义上理解,网络空间是一个由用户、信息、计算机(包括大型计算机、个人台式机、笔记本电脑、平板电脑、智能手机以及其他智能物体)、通信线路和设备、应用软件等基本要素构成的信息交互空间,这些要素的有机组合形成了物质层面的计算机网络、数字化的信息资源网络和虚拟的社会关系网络等三种意义不同但相互依附的巨信息系统。真正的网络空间构筑始于1969年阿帕网的创立,但是那时的计算机应用还未普及,仅限于军事和科研领域。因此,吉布森小说中所描述的情境离人们的现实生活还相当遥远。直到20世纪90年代中后期,随着计算机及其网络技术的迅猛发展和普及,人们才意识到曾经的幻想已渐成现实。

2. 全球网络空间的建构

网络节点、域名服务器、网络协议及网站等基本概念是解析网络空间架构的关键,它们不仅有助于我们理解复杂网络空间的基本架构和运行原理,而且是开展网络空间管理的重要抓手。

网络节点是网络空间中的基本单位,通常指网络中一个拥有唯一地址并具有数据传送和接收功能的设备或人,因此,网络节点可以是各种形式的计算机、打印机、服务器、工作站、用户,而在物联网环境下它也可以是某个具体的物体(如汽车、冰箱等)。整个网络空间就是由许多的网络节点组成的。通信线路将各个网络节点连接起来,便形成了一定的几何关系,构成了以计算机为基础的拓扑网络空间。

(二) 网络空间的现实效应

互联网是20世纪中后期全球军事战略、科技创新、文化需求等多种因素混合发展的产物。经过多年的发展,网络空间对现实世界各国的政治、经济、军事、社会、文化等无不具有广泛而深远的影响,它在一定程度上打破了传统主权国家发展和治理的边界,把全世界整合在一个共同的信息交流空间中,促使政府的运作方式、企业的经营模式、军队的作战手段以及人们的生活方式都在发生深刻的变革。

在国内政治方面,网络空间的形成和发展对于推动人类社会民主进程具有重大意义，并已发挥了显著效用。一方面，互联网极大地促进了公民的知情权、参与权、表达权和监督权等民主权利的实现；另一方面，互联网也是促使政治动荡的潜在威胁因素。传统意义的国家一般通过对信息资源和传统媒体的控制维护政局、巩固统治模式面临的挑战，互联网的普及削弱了政府对信息传播的优势，尤其是网络空间发展到2.0阶段以后，互联网为普通民众提供了信息传播、政治参与、利益表达以及组织动员的便捷渠道。

在国际关系方面，网络空间使得国家主权和民族国家的概念出现不同程度的弱化，建立在民族国家意识形态基础上的爱国主义和文化归属感也受到了巨大的冲击，而全球合作的价值理念得到进一步彰显，基于全球网络空间的各国相互依存度大大增加。从总体来看，网络空间的发展总体上促进了各国国际关系的稳定，任何打破网络空间国家合作格局和发展均势的行为都可能在全球舆论上掀起轩然大波。

在经济发展方面，网络空间已成为人类经济活动的重要场域，各国经济发展开始转向以信息技术为主要推动力的信息经济增长模式。在全球网络空间中，商品、服务、资本和劳动力通过网络信息资源，跨越地域限制和时间差异在全球范围内自由流动。网络空间成为企业资源合理配置并开拓新兴市场不可或缺的平台。然而，网络空间为经济发展带来新机遇的同时，信息基础设施本身的脆弱也给经济安全带来了一些新问题。屡屡发生的网络犯罪已给各国经济造成了巨大损失。据研究推测，2015～2016年网络犯罪致使全球个人用户蒙受的直接经济损失高达21100亿美元。

在思想文化领域，全球网络空间的发展使得文化从纵向传承转为横向拓展，为不同文化相互碰撞、冲突、融合、升华提供了重要契机。在全球网络空间中，人们的聚合方式突破了传统的地缘、血缘和业缘等传统限制，以不同的信息需求分类聚集成组群，其背后是全球思想观念和文化价值的重构。与此同时，网络空间的发展使得信息的产生和传播模式发生了深刻变化，每个用户既是信息的生产者也是信息的接收者，信息的传播由自上而下的模式转变为网状模式。

综上所述，网络空间为人类提供了全新的信息交流体验和社会交往方式，对人类社会的生产方式和社会关系的变化起到了巨大的推动作用，为各国政治、经济、文化等领域发展均带来了重大的现实影响。其中，在现实发展中既有积极的影响也有消极的影响，但一个不争的事实是，网络空间的发展潮流不可阻挡，是继陆地、海洋、天空、太空之外人类又一个赖以生存的"第五空间"，因此，全面、科学地评估全球网络空间的发展现状，切实推动本国网络空间的安全和发展，对每个国家都具有极其重要的意义。

第二节 网络空间信息安全

一、网络空间信息安全的含义

人类的生产生活日益依赖互联互依的网络信息基础设施，尽管如能源、食品、水、健康和交通运输以及为之提供支持的基础设施行业依然至关重要，但是其服务提供能力日益受制于人们日常生活重要组成部分的信息通信技术。与此同时，全球化时代世界各国思想文化的交流、交融、交锋越发依赖智能化的网络空间展开，高度复杂的物理和逻辑互联的网络空间安全性问题日益凸显。从本质上看，网络空间信息安全的问题源于信息通信技术，但又不局限于信息通信技术本身，已全面渗透于社会、经济、政治、文化的各个领域，由此也要求各国立足全球化和信息化的时代背景，基于新的国家安全观的视角，科学地审视网络空间信息安全的内涵与外延，客观认识网络空间信息安全的威胁类型及保障领域，在此基础上尝试建构网络空间信息安全战略的研究框架，为全球信息安全战略的制定提供依据。

（一）传统安全观的理论范式

传统安全观是人们的国家安全与国际关系相关思想观念的汇集融合，经过长期发展和验证，传统安全观逐步形成了较为稳定的理论范式，可从以下几个方面进行解析。

①从安全主体来看，国家是安全最重要的主体，一切安全问题都要围绕国家这个中心，传统安全观专注于解释国家的行为，对个人、公司、多国组织等角色有意识地加以忽视。因此，传统安全观以国家安全为中心和本位，把国家作为安全主体，其逻辑是与人类历史发展相一致的。

②从安全目标来看，传统安全观认为国家的最终目的是最大限度地谋求权力或安全，在处理国家关系时，任何抽象的或理想主义的考虑都是没有意义的，只有对国家利益和权力的追求才是至高无上的。

③从安全性质来看，传统安全观认为国际体系在本质上是一种无政府状态，没有一个最高权威来提供和保证一国的安全，国家必须依靠自己的力量来保护其利益。由于国家追求各自利益是永无止境的，国家间又总是存在着利益的纠葛，因此，在国际体系中任何一个主权国家的存在对别国来说都是一种本质上的不安全。

④从安全手段来看，传统安全观认为军事手段是维护国家安全最基本、最

重要的手段，国家倾向于以威胁或使用军事力量这种手段来保证其国际政治目标的实现。

⑤从安全主体间的关系来看，传统安全观认为国家在安全问题上总是处于两难境地，由于安全主体追求单边安全而非共有安全，追求单赢而非双赢或多赢，必将不可避免地导致安全困境。

综上所述，传统安全观所关注的焦点是国家如何应对其他国家的军事、政治、经济等威胁，包括外部敌对国家可能对本国发动的军事攻击、经济命脉的控制、意识形态的颠覆等方面。因此，基于军事力量的国家生存安全构成了传统安全观的主要方面，国家安全更多地取决于以军事等手段维护本国的地理疆界不受侵犯。

（二）新安全观的产生及其内涵

1. 安全主体多元

新安全观安全保障的主体不仅包括国家，还延伸到了个人、群体和国际组织等，与此对应的是对国家产生威胁的主体也呈现出多元化特点，威胁主体不再仅仅是主权国家，也有可能是有经济和军事实力的政治或宗教组织，或具备高科技手段的"黑客"以及恐怖集团或恐怖分子。

2. 安全领域综合

新安全观主张安全的对象是包括政治安全、经济安全、军事安全、文化安全、信息安全、生态安全等多领域的综合安全体，各个领域的安全态势和保障方法虽然不同，但是相互联系、互相依存。

3. 安全手段柔性

新安全观认为当前的保障安全的基本手段仍是军事力量，但它已经不是唯一手段，未来国家之间的安全冲突更多地依赖于经济、政治、科技、文化等手段的综合运用。

4. 安全边界模糊

国家之间利益交错，国家安全成为相对概念，安全边界也始终处于变动中，也许一国军事实力远远强于其他所有国家，但该国也不一定能够确保其绝对安全。

5. 安全重心内化

随着国际机制的成熟与健全，外部威胁因素在减少，合作成了处理国家关系的主要选择，相对而言，影响国家安全的内部因素的地位却在不断上升。

20世纪末以来，基于对国际形势和中国道路的准确判断，我国政府前瞻性地提出了新安全观概念，我国成为国际社会新安全观的积极倡导国之一。其中，2002年6月7日，在俄罗斯圣彼得堡签署的《上海合作组织成员国元首宣言》中提出的全球安全新理念，强调建立"互信、互利、平等、协作"的新安全观。2011年9月6日，国务院新闻办公室发表了《中国的和平发展》白皮书，进一步丰富和完善了新安全观，将倡导"互信、互利、平等、协作"的新安全观作为我国和平发展的对外方针政策的重要组成部分，并寻求实现综合安全、共同安全、合作安全三大安全。上述努力为全球新安全观的形成和发展奠定了良好的基础。

二、社会文明发展与信息通信技术

信息通信技术的发展史是人类文明发展史的重要组成部分。人类文明的发展促进了信息和通信技术的发展，二者是不可分割的。

（一）社会文明的发展过程

在古代，人们通过简单的形式交流，如通过灯塔和鸽子进行交流。19世纪30年代，随着电力的使用和电报的发明，有线通信得到了发展。1875年，有线电话的发明进一步发展了通信技术。19世纪末，随着电磁波的发现和无线电报的发明，无线通信技术得到了发展。20世纪70年代，蜂窝通信系统的建设使移动通信成为可能。人造通信卫星的发射推动了移动通信技术的快速发展。在现代，随着计算机的发明和互联网的出现，通信技术发生了革命性的变化。电子邮件的广泛使用颠覆了传统的通信模式。目前，互联网已经发展成为一个以各种媒体形式传播信息的复杂系统。

（二）未来社会的信息技术发展趋势

大约400万年前，人类开始直立行走。近几个世纪以来，人类文明经历了农业革命、工业革命和信息革命，发展迅速。但是人们的生活习惯让人们重新坐下，坐在他们的桌子和电脑前。如何让人们站起来，离开办公桌，随时随地方便地处理信息，是未来社会信息技术发展的主要趋势。随着计算机的发明和互联网的应用，通信已经数字化，移动通信技术的发展、智能移动通信终端的普及、平板电脑的出现等都为这种"让人站立"的移动技术的发展奠定了坚实的技术基础。

三、网络空间信息安全的威胁与保障

（一）网络空间信息安全的多元内涵

随着网络信息技术的飞速发展和深度普及，全球网络空间兼具基础设施、媒体、社交、商业等属性，同时融合了现实社会的巨大利益，网络空间信息安全威胁成为各国综合性安全威胁的主要载体，谋取网络空间信息安全优势是各国政府巩固本国实力和拓展全球影响力的重要目标。

在此背景下，从国家综合安全的视角观察网络空间信息安全问题成为各国决策者和研究者的共识。例如，俄罗斯于2001年出台的《国家信息安全学说》，美国于2003年发布的《网络空间安全国家战略》等，均将网络空间国家信息安全提升到了前所未有的战略高度，网络空间国家信息安全也因此成为新安全观的重要组成部分。

就信息安全的基本内涵来看，网络空间国家信息安全指国家范围内的网络信息、网络信息载体和网络信息资源等不受来自国内外各种形式威胁的状态。但实践表明，网络空间国家信息安全具有极为丰富和复杂的内涵，如果仅从技术层面理解网络空间国家信息安全，通常难以有效解释和系统涵盖网络空间对政治、经济、文化和社会等带来的全方位冲击，尤其是以网络信息内容为核心的各类思想文化领域的安全威胁，如网络政治行动、网络虚假和不良信息传播等。

（二）网络信息安全面临的主要威胁

1. 利用漏洞

利用漏洞就是通过特定的操作，或使用专门的漏洞攻击程序，利用操作系统、应用软件中的漏洞，达到入侵系统或获取特殊权限的目的。溢出攻击也是利用漏洞的一种攻击方法，它通过向程序提交超长的数据，结合特定的攻击编码，可以导致系统崩溃，或者执行非授权的指令、获取系统特权等，从而产生更大的危害。SQL注入是一种典型的网页代码漏洞利用。大量的动态网站页面中的信息，都需要与数据库进行交互，若缺少有效的合法性验证，则攻击者可以通过网页表单提交特定的SQL语句，从而查看未授权的信息，获取数据操作权限等。

2. 暴力破解

暴力破解多用于密码攻击领域，即使用各种不同的密码组合反复进行验证，直到找出正确的密码。这种方式也称为"密码穷举",用来尝试的所有密码集合称为"密码字典"。从理论上来说,任何密码都可以使用这种方法来破解,只不过越复杂的密码需要的破解时间也越长。

3. 木马植入

通过向受害者系统中植入并启用木马程序,在用户不知情的情况下窃取敏感信息(如QQ密码、银行账号、机密文件),甚至夺取计算机的控制权。当访问一些恶意网页、聊天工具中的不明链接,或者使用一些破解版软件,单击未知类型的电子邮件附件,甚至打开网友发来的所谓的照片、视频等文件时,用户计算机都有可能被悄悄地植入木马。

木马程序好比潜伏在计算机中的电子间谍,通常伪装成合法的系统文件,具有较强的隐蔽性、欺骗性,基本都具有键盘记录甚至截图功能,收集的信息将会自动发送给攻击者。黑客通过QQ黏虫弹出的假冒登录窗口得到用户的账号和密码。

4. 病毒、恶意程序

与木马程序不同的是,计算机病毒、恶意程序的主要目的是破坏(如删除文件、拖慢网速、使主机崩溃、破坏分区等),而不是窃取信息。其中病毒程序具有自我复制和传染能力,可以通过电子邮件、图片和视频、下载的软件、光盘等途径进行传播;而恶意程序一般不具有自我复制、感染能力等病毒特征。病毒或恶意程序就好比进入计算机中的"电子流氓",其明目张胆的破坏能力极具危害性。

5. 系统扫描

实际上系统扫描还不算是真正的攻击,而更像是攻击的前奏,指的是利用工具软件来探测目标网络或主机的过程。通过扫描过程,攻击者可以获取目标的系统类型、软件版本、端口开放情况,发现已知或潜在的漏洞。

攻击者可以根据扫描结果来决定下一步的行动,如选择哪种攻击方法、使用哪种软件等;防护者可以根据扫描结果采取相应的安全策略,封堵系统漏洞、加固系统和完善访问控制等。

6. 网络钓鱼

通过论坛、QQ、电子邮件、短信、弹出广告等途径发送声称来自某银行、某购物网站或其他知名机构(如网监、公安等)的欺骗信息,引诱受害者访问伪造的网站,以便收集用户名、密码、信用卡资料等敏感信息。对于缺少安全经验的网民来说,钓鱼攻击很容易让人中招。

7.MITM

中间人攻击(MITM)是一种古老且至今依然生命力旺盛的攻击手段。MITM 就是攻击者伪装成用户,然后拦截其他计算机的网络通信数据,并进行数据篡改和窃取,而通信双方毫不知情。常用的方法有 ARP 欺骗、DNS 欺骗等。攻击者回复假的 MAC 地址信息,导致 Host3 无法与 Hostl 通信。如果攻击者针对通信双方都进行 ARP 欺骗,并且从中截获数据,则构成中间人攻击。这种方式中受害主机的通信基本不受影响,往往不易察觉,因此危害也更大。攻击方 Host2 不断发送错误的 MAC 地址信息,使通信双方 Hostl、Host3 都认为对方的 MAC 地址是 00-0c-29-22-22-22,实际上 Host2 以中间人的身份截获了双方的往来数据。

(三) 操作系统所面临的威胁

操作系统作为整个系统管理和应用的基础,其地位举足轻重。操作系统的规模往往比较庞大,因此软件设计的漏洞总是存在,易被发现和利用,如果发现者为恶意用户,那后果将不堪设想。以下是几个针对操作系统的漏洞进行攻击的例子。

1.IPC$ 入侵

IPC$ 即"命名管道",是 Windows 操作系统特有的一项管理功能,用来在两台计算机进程之间建立通信连接。通过这项功能,一些网络程序的数据交换可以建立在 IPC$ 上,实现远程访问和管理计算机。打个比方,IPC$ 就像是挖好的地道,通信程序通过这个地道访问目标主机。为了配合 IPC$ 共享工作,Windows 操作系统在安装完之后,自动设置共享的目录为磁盘 C 分区、磁盘 D 分区、ADMIN 目录等,这些共享是隐藏的,只有管理员能够对它们进行远程操作。

通过 IPC$ 进行入侵的条件是已获得目标主机管理员的账号和密码,一旦获得了目标主机管理员的账号和密码,入侵者就可以使用 "net use\\192.168.1.1\IPC$ 'password'/user:'administrator'" 这样的命令把远程主机 192.168.1.1 的磁盘 C 分区映射成本地的磁盘分区,从而在本地就可以方便地对远程主机执行任意操作。

2.Windows 内核消息处理本地缓冲区溢出漏洞

Windows 内核消息处理本地缓冲区溢出漏洞可能导致本地用户权限的提

升。入侵者先以普通用户的身份交互登录到操作系统，然后植入专门的溢出工具，利用该漏洞进行权限的提升并使之拥有管理员的权限，从而达到完全控制系统的目的。

除此之外，还有很多利用系统漏洞进行攻击的例子，在此不再一一列举。

（四）应用服务所面临的威胁

应用层面的服务是企业重点关注的对象，企业中最常使用的应用服务包括 Web 服务、电子邮件服务、数据库服务等。既然经常使用这些服务，那么就可能有针对这些服务的攻击，下面来看几个例子。

① Web 服务是网络中最常见的服务之一，同时也是最受黑客关注的服务。其中的某些漏洞可以让攻击者获得系统管理员的权限进入站点内部。

② 目前很多企业都采用 Microsoft SQL Server 作为数据库平台以存储重要数据。数据库超级管理员 sa 是不能够被删除或改名的，但有不少数据库管理员在设置 SQL Server 账户密码时，不设置 sa 口令或者设置得非常简单，这将导致数据库直接暴露在网络上。

③ 企业内网用户常见的应用就是收发电子邮件。用户如果每天都收到很多电子广告、电子刊物、各种形式的电子宣传品或隐藏发件人身份、地址、标题等信息的电子邮件，那么就会干扰用户的正常工作，这类邮件统称为垃圾邮件。

通过以上的例子，我们可以看到无论哪种应用服务，只要提供给外部使用，都会存在一些漏洞，而这些漏洞一旦被怀有恶意的人所掌握，那么后果是很严重的。

（五）网络空间信息安全的保障重点

1. 国家信息基础设施

国家信息基础设施（NI）最早由美国政府提出。1994 年 9 月，时任美国副总统的戈尔进一步提出建立全球信息基础设施的倡议，建议将各国的国家信息基础设施联结起来组成世界信息高速公路。

相较于自然因素的不可预测，人为因素所造成的威胁更加复杂且影响深远。

2. 现代工业控制系统

早期的工业控制系统通常是与外部系统保持物理隔离的封闭系统，其安全保障主要在组织内部展开，并不属于网络空间信息安全的保障范畴，随着信息化与工业化的深度融合以及物联网的快速发展，工业控制系统越来越多地采用通用协议、通用硬件和通用软件，且以各种方式与企业管理系统甚至互联网等公共网络连接，工业控制系统因此正面临黑客、病毒、木马等信息安全威胁。2010年10月，针对伊朗核电站工业控制系统的"震网病毒"被发现，敲响了全球工业控制系统信息安全的警钟，围绕工业控制系统信息安全的保障成为全球信息安全的研究热点和保障重点。2011年，我国下发了《关于加强工业控制系统信息安全管理的通知》，强调加强工业控制系统信息安全的重要性、紧迫性，要求各级政府和国有大型企业切实加强工业控制系统的信息安全保障，并明确了重点领域工业控制系统信息安全的管理要求，其中明确了与国计民生紧密相关的领域需要进行工业控制系统信息安全的保障，如核设施、钢铁、有色、化工、石油、电力、天然气、先进制造、水利枢纽、环境保护、铁路、城市轨道交通、民航、城市供水供气供热等领域。

3. 国家基础性信息资源

国家基础性信息资源是对一国的经济社会发展和国家管理具有重要影响的基础性、基准性、标识性、稳定性、战略性的信息资源的集合。以我国为例，2012年5月，中华人民共和国国家发展和改革委员会发布的《"十二五"国家政务信息化工程建设规划》中明确提出要深化国家基础性信息资源的开发利用，建设国家基础性信息资源库。具体建设内容包括五个方面：①人口信息资源库；②法人单位信息资源库；③空间地理信息资源库；④宏观经济信息资源库；⑤文化信息资源库。上述基础性信息资源库所包含的信息资源是国家重要的战略性信息资源，对其进行的开发、开放是推动政府和企业创新的关键，但与此同时，强化政府、企业、个人在网络经济活动中保护国家基础性信息资源的责任，依法规范各类企业、机构收集和利用上述信息资源的行为，也是各国保障国家基础性信息资源安全的基本共识。

4. 金融信息系统

现代信息技术催生全新金融业态，金融信息系统成为联系国民经济各个领域的神经系统，作为数据密集、大型复杂、实时交互、高度机密的人机系统，金融信息系统安全是各类金融机构乃至国家经济发展和社会稳定的生命线。

金融信息系统的安全威胁主要表现在：①金融信息系统在采集、存储、传输和处理等方面的数据量大，业务复杂，人们对金融信息系统稳定运行的要求不断提高，业务连续性等成为衡量金融信息系统安全的重要指标；②金融信息系统日益开放互联，网上金融交易业务不断拓展，来自互联网等外部公共网络的攻击、病毒及非法入侵等安全威胁日益严峻；③金融信息资产的价值日益凸显，金融机构针对金融信息资源的开发力度不断加大，对用户信息安全构成威胁。

国内外金融信息系统安全保障的方法和手段趋同，银行、证券、保险等金融机构主要通过建立以等级保护、容灾、应急响应体系等为基础的信息保障体系实现金融信息系统的安全稳定。其中，在等级保护层面主要根据金融信息、资产的重要程度合理定级实施信息等级安全保护，在容灾层面主要通过建立同城或异地的数据备份中心予以实现，应急响应则主要指建立并完善金融信息系统应急响应机制。

第四章　网络信息安全与对抗技术

本章主要讨论信息安全对抗领域的基础层次和系统层次原理，以及系统层次和基础层次的信息安全对抗方法。同时系统地分析了信息对抗的过程，并对网络安全事件进行了分类。本章分为网络信息与对抗理论、网络信息对抗过程与技术两部分。

第一节　网络信息与对抗理论

一、信息安全与对抗发展历程简介

信息安全的发展历程从不同的角度分析，其结果不同。但从整体上讲，是从局部到整体、从微观到宏观、从静态到动态、从底层到顶层、从技术到组织管理的综合考虑的过程。

（一）信息安全阶段

20世纪60年代之后，半导体和集成电路技术得到了迅速发展，与此同时，也带动了计算机软硬件的发展，从此以后，对于计算机和网络技术的应用就逐渐实用化和规模化，人们也不仅仅只是关注计算机使用的安全性，同时还逐渐关注起了它的保密性、完整性以及可用性，这也就意味着，从此进入了信息安全阶段。

到了20世纪80年代，计算机的各方面性能都有了一个质的飞跃，所涉及的应用范围也在逐渐扩大，可以说，在世界的每个角落都得到了普及。这一阶段的首要任务就是保证计算机系统中硬件、软件以及其在对信息进行处理、存储和传输过程中的保密性。其中，信息的非授权访问是当时存在的一个最主要的安全威胁，针对这一威胁，人们采用安全操作系统的可信计算机技术来对计算机系统进行保护，但是这个技术却存在着一定的局限性，那就是没有超出保密性的范畴。

随着计算机病毒以及一些软件故障等一系列问题的频繁出现，仅仅是保密性已经远远无法满足人们对计算机安全的需求，于是便逐渐产生了一些新的需求，也就是对完整性和可用性的需求。20世纪90年代初，通信和计算机技术呈现出了相互依存的状态，Internet作为一种技术平台，已经进入了普通百姓家中，对于计算机安全的需求便逐渐扩展到了社会的各个领域，这也就使得人们将关注的重点转向了信息本身，信息安全这一概念也就由此产生。信息不管是在存储、处理还是在传输的过程中，都应确保其不被非法访问或更改，也就是说，要在确保合法用户得到应有服务的前提下，对非授权用户的服务进行限制，所采取的措施主要包括一些必要的检测、记录和抵御攻击等。

至此，人们对安全性的需求除了保密性、完整性和可用性以外，还产生了一些新的需求，即可控性和不可否认性。在计算机安全逐渐向信息安全过渡的这个时期，密码学方面的公钥技术得到了迅速发展。其中，最为著名也是被广泛应用的即为RSA公开密钥密码算法，除此以外，人们对于完整性校验的Hash函数的研究和应用也越来越多。

为了奠定21世纪的分组密码算法基础，美国国家技术和标准研究所经过广泛和严谨的评审之后，AES算法胜出。除了加密算法之外，在这一阶段人们也研究了其他许多与信息安全相关的理论与技术。

虽然该阶段包括了计算机安全和信息安全两个不同方面的内容，但它们的区分并不明显，安全问题也主要集中在信息安全方面，因此，可将其统称为信息安全阶段。

（二）信息安全保障

信息安全保障是信息安全发展的新阶段，要使我国的信息安全保障综合能力达到高水平，就必须强化对信息安全保障体系的建设。信息安全保障体系是实施信息安全保障的技术体系、组织管理体系和人才体系的有机结合，是一个复杂的社会系统工程，是信息社会国家安全的重要组成部分，是保证国家可持续发展的基础之一。

人们将信息系统的发展目标设定为其服务功能越全面、方便越好，在任何时间、地点都可以方便地获得和利用信息，其隐含的需求是要更多的自由和更多的普遍性，信息安全问题产生的根源在于事物的矛盾运动。

辩证哲学认为，对立统一规律认定事物的存在是体现在不停地运动之中，运动发展即是矛盾的对立统一的运动，没有矛盾就没有发展。例如，计算机网络应用的主体是大量的个人计算机，对于个人计算机应用功能的发挥，互联网具有很大的发展空间。但个人计算机的设计初期目标是个人应用，并没有考虑联网工作时所应具备的安全控制功能。同样，互联网应用初期的应用人数远不如现在多，其信息安全问题也远不如现在这样严重，故其传输协议中安全因素考虑不足。

二、信息安全与对抗的基础层原理

（一）信息系统特殊性保持与攻击对抗原理

信息系统是由特定的"对象＋规则＋信息＋使用目的"等组成的。这组关系一旦发生变动和破坏，也就意味着系统服务的变动和破坏。因此，信息安全对抗中对抗双方围绕着系统特殊性的保持而展开对抗行动。

具体事物的存在等价于一种特殊的运动，可用一组特定的事物与环境相互作用的时空关系来进行表征，特殊性是事物存在的本质属性。在信息安全对抗领域，可以利用以上基本概念和原理，将其扩大延伸到系统层次（信息系统），给出"特殊性"的系统表达，再将自组织机理引入到信息系统安全对抗过程中，形成对抗原理及对抗工作框架。

"特殊性"是事物的一种本质属性，是一组关系，但其本身也是事物，可以是特定的"特殊性"，也可以是具有不同"共性"的特殊性事物。特殊性可按能否更改来划分，人的虹膜和基因是不能更改的，指纹虽不能改变但随年龄增加而变得模糊。当然也可按某种物理、化学特征划分。关联到信息系统的服务，其服务类型、个体内容等种类差别很大，信息系统服务的特殊性需随其不同的服务而变化，这样就形成了因对抗需求而更改正常服务的特殊性。

在信息安全对抗领域，需要应用"特殊性存在和保持原理"，选择合适的"特殊性"以便在对抗环境中保持服务特殊性的存在并发挥作用，复杂事物多由各具特殊性的分事物整合形成其特殊性，在利用其特殊性时要特别注意。例如，某种疾病的诊断治疗往往需要对多种特殊性（信息）的正确获得和认识，缺一不可。

（二）信息安全与对抗信息存在相对真实性原理

由于事物存在对应某种运动过程存在，而运动过程由众多相应运动状态序列组成，因此可以推出原理上有事物存在必有相应信息存在。但在实际环境中，由于信息的获取、存储、传输处理所形成的表达形式可能被改变或代替，因此真实信息并不易得到。

由此,这一原理提示人们注意,信息存在的相对性是影响信息安全的基本问题之一。伴随着运动状态的存在,必定存在相应的信息。同时,由于环境的复杂性,具体的信息可有多种表征形态,且只具有相对的真实性。

(三)广义时空维信息交织表征及测度有限原理

认识信息主要是认识信息的内涵,但因信息是客观存在事物运动状态的表征,信息种类非常多和复杂,而且会随运动动态变化,因此,认识信息内涵进而进行有效表达以对其进行利用是非常重要的。

信息可转化为四维关系组表征,即信息 =>(信息直接关联对象特征域关系 + 信息存在广义空间域关系 + 信息存在时间域关系 + 信息变化域关系),这是将信息转化为关系表达的重要一步。

可利用测度概念建立表达多层次、多维度的信息。测度是长度、面积、体积等概念的扩展,没有固定的定义。数学上测度的概念是,设 R 为某子集构成的环,R 上集函数应满足:① $E \in R$,$M(E) >= 0$;② Φ 是空集,则 $M(\Phi) = 0$;③ 对任何 R 上任何互不相交的 $\{E_n\}$ 具有可加性。

利用信息特征的测度表达,可以深刻地认识信息所表达的特殊性。进一步区别信息,在对抗环境下通过保持其特殊性,达到信息系统安全运行的目的。其前提条件是信息内涵的测度是有限的,否则难以准确表征。

(四)在共道基础上反其道而行之相反相成原理

矛盾对立统一规律是一切事物运动的基本规律,事物存在矛盾对立的同时又存在统一,就呈现了相反相成的性质。因此,可以认为矛盾对立统一规律本身就蕴含着相反相成。除此以外,矛盾对立统一规律中明确指出,矛盾的运动总是朝对立面方向发展的,这也可认为是相反相成的深层次含义。

矛盾对立面互相依赖、互为依存构成对立存在的事物。例如,作战双方极端对立,都力争己方获胜,这就是统一。如果对立的统一不存在了,战争也就不存在了。因此双方存在是以对立统一存在为前提的。对立面互相贯通、互相渗透意义上的统一,还可分为三种方式。

① 有共同基础因素,呈现相互包含、相互渗透、你中有我、我中有你、互相吸引的趋势。例如,信息安全对抗双方都需要利用先进技术挖掘己方缺陷,形成你中有我、我中有你的对立态势,然后再努力向己方有利的方面转换,从而达到新的统一。

② 对立事物中,有一部分公有事物形成了统一,当打破统一对立发展时,

应注意打破公有事物对己方的约束。例如，信息干扰对抗中，干扰了对方也会干扰己方，先进的干扰必须尽力消除对己方的干扰。

③对立在统一状态下呈现互相转换的趋势。

这一原理表明，"在共道基础上"表达了对抗原始的统一，是开始对抗的基础和出发点，"反其道而行之"表示所采取的对抗方法的机理。相反表示方向，也就是相反的对抗行动，而相成则强调对抗行动要成功，进而构成一种新的统一状态。

（五）在共道基础上共其道而行之相成相反原理

此原理同样也体现了矛盾对立统一规律、反者道之动这一哲理。在应用方面都强调创造条件促使事物向对立面转换，是一种辩证意义上更深层次的转换原理。该原理的具体应用框架：在矛盾对立统一规律作用下，某方在某层次某剖面对某事物在某阶段相成；某方在某层次某剖面对某事物在某阶段相反。

（六）争夺制对抗信息权快速建立对策响应原理

对抗信息指下列两种信息。

①对抗双方任一方欲采取对抗行动所需的先验信息。

②对抗双方任一方采取对抗行动时必须具有的信息，也就是有行动就必须要有信息，但根据"信息存在相对性原理"可以有意识地隐藏这种对抗信息，以避免暴露自己的行动。

对抗信息在时空域中存在时必须要具有对立统一性质，如双方希望自己行动所形成的对抗信息能够对对方进行隐藏，但对方则希望破除隐藏而得到这些对抗信息，围绕对抗信息所展开的斗争是复杂的时空域的斗争，双方都力争尽早感知对抗信息并加以利用。

三、信息安全与对抗的层次

（一）物理层次

做好物理层的网络防御要注意以下几点。

首先，在组网时，应对网络的结构和布线进行较为充分的考虑，同时还应谨慎选择路由器、网桥的位置，并对其进行合理的设置，对一些较为重要的网络设施进行加固，从而使它的防摧毁能力得到进一步增强。在与外部网络相连时，往往会利用防火墙对内部网络进行屏蔽，对外界访问进行身份验证和数据过滤，并对内部网络进行安全域划分和分级权限分配。

其次，过滤掉一些存在安全隐患的站点，将经常访问的站点做成镜像，这样做能够在很大程度上提高效率，减轻线路负担。

最后，进一步加强对场地的安全管理，主要包括供电、接地以及灭火等方面的管理，这一点与传统意义上的安全保卫工作相似度是非常高的。需要注意的是，网络中的任何一个节点都不能随意连接，必须有相对固定的连接节点，对于一些较为重要的部件，还应安排相关人员定期进行维护和看管，以防遭到破坏。

（二）信息层次

信息层次的信息对抗是通过病毒等攻击手段，攻破对方的信息网络系统，从而获取敏感信息。虽然这一层次基本上属于对系统的软破坏，但信息的泄露、篡改、丢失乃至网络的瘫痪同样会带来致命的后果。有时它也能引起对系统的硬破坏。这一层网络防御的主要手段应该是逻辑的而非物理的，也就是通过对系统软、硬件的逻辑结构进行设计从技术体制上保证信息的安全。

（三）感知层次

在网络环境下，感知层次的信息对抗是网络空间中面向信息的超逻辑形式的对抗。这一层次的信息对抗主要采用非技术手段获取信息，如传播谣言、蛊惑人心、在股市中发表虚假信息欺骗大众等。

这一层次的网络防御，一是依靠物理层次和信息层次的防御，二是依靠网络反击和其他渠道反击。

四、信息安全与对抗的系统层原理

（一）争取局部主动原理

争取局部主动的措施主要包括以下几点。

①对于一些较为重要的信息进行隐藏。如在某个较为重要的时刻对一些重要节点信息的传输与交流过程进行安全状态控制，以保证信息不被泄露。

②对己方信息在对抗环境下可能遭受攻击的漏洞进行反复分析，并提前制订相应的补救方案。

③运行动态监控系统，对攻击信息进行迅速捕捉和分析，并采取科学有效的措施来抵抗攻击。

④除了采取上述措施以外，还应同时进行综合运筹，以确保在对抗信息斗争的过程中掌握主动权。例如，如果采取措施的时间过早，则很有可能会打草

惊蛇，从而暴露了重要对抗信息。

⑤采用设置陷阱的方式，制造一些虚假信息，诱导攻击者发动攻击，进而将其灭杀，这也是一种较为常见的斗争办法。相反的，攻击方也可以采用将计就计的方法来进行斗争。

以上仅从原理上说明攻击者就攻击来说占据了主动地位，但这并不等于他们在对抗全局制胜方面也占主动地位。对抗制胜常指某一对抗过程获胜，即获胜致使过程结束。就攻防行动而言，防御方也非永远防御，而是常常进行反击行动。反其道而行之相反相成原理已包括了反击内容。在对抗过程中，双方常常攻防兼备，力争对抗过程获胜。

（二）综合运筹原理

对待信息安全功能应根据具体情况，科学处理、综合运筹，并置于恰当的"度"范围内。更为重要的是，本原理提示人们，应将信息安全这一重要问题融入整个系统，利用系统理论及信息安全对抗原理综合运筹，恰当地在系统功能体系中妥善处理各分项"度"的相互关系，从而使信息系统的功能得到充分发挥，同时还能确保不发生大的功能失调。

（三）串行结构形成脆弱性原理

串行结构形成脆弱性在应用中主要包括以下两类情况。

①一类是系统某项功能的实现是由一系列分功能来分别实现的，从而形成链式串行结构。

②另一类情况是一种功能的实现是由一系列技术保障为前提的，而该系列技术保障又需延伸另外的技术保障进行保障，依此类推，直至不需特别关注的技术保障为止，由此也构成了链式串行结构。

任何技术都是相对有条件地发挥作用的，必依赖于其充要条件的建立，而充要条件再作为一个事物又依赖其所需充要条件的建立，从而形成条件递推转移的链式串行结构。链式串行结构具有的脆弱环节主宰全链安全性能。

为了最大限度地弥补本原理制约信息系统性能发挥的缺陷，应在系统结构上改变其依赖关键技术形成链式串行结构，并让其变为具有等价技术性能和不同充要条件的并行结构，但不能是简单的并行，以避免同等充要条件的技术并行，从而可以有效避免发生一箭双雕的情况。

（四）基于对称变换与不对称变换的信息对抗应用原理

变换可以指相互作用的变换，是事物属性的表征由一种方式向另一种方式转变，也可认为是关系间的变换，即变换关系。变换已知有许多种类，并在不断发展，一些常用的重要变换包括同态、同构变换、对称变换、不对称变换等。

对称的定义为某事物的某性质 A，对某基准 B 进行某种变换 C，如性质 A 经变换后不变化，则称性质 A 在变换 C 下对于基准 B 是对称的，并称 C 为关于性质 A 以 B 为基准的对称变换。性质 A 还被称为对 C（变换）的不变量，借助不变量概念可推行正向应用和反向应用。一种应用是，若已知 A 可寻求对 A 的对称变换（不变变换），利用找出的对称变换可以排斥其他不具性质 A 的事物。另一种应用，若先发现一个对称变换，则深层次一定存在一个"不变性"，如果尚未觉察则应努力查找发现。例如，一个圆形图形对于圆心做各种旋转，图形不变化，则称圆形图形对圆心而言是旋转对称的，椭圆只对长轴或短轴做 180° 翻转是对称的。

第二节　网络信息对抗过程与技术

一、对抗行为过程分析

（一）防御行为过程分析

单就防御来讲，相应于攻击行为过程，防御行为过程可分为三个阶段，如图 4-1 所示。

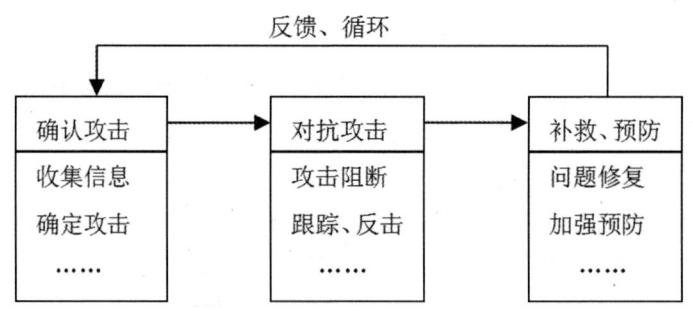

图 4-1　防御行为过程示意图

防御方应力争在最短的时间内确定攻击者以及他们所实施的攻击行为，这就要求防御方在平时就要对信息系统保持高度的警惕，对各种各样与攻击行为有关的信息进行收集，同时还应不断进行分析和判定。一旦系统发现了攻击行为，不管该破坏行为的破坏性是大还是小，防御方都必须立刻、果断地采取相应的行动来阻断攻击，如有必要，还应采取主动攻击的方式来进行反击。同时，还应对攻击行为所造成的破坏进行及时修复，特别是要对出现的漏洞和缺陷进行修补，以便使相关方面的预防得到进一步加强。除此之外，如果攻击造成的后果比较严重，则还应果断拿起法律武器来维护自己的权益。

（二）信息系统攻击与对抗过程"共道—逆道"模型

建立模型就相当于是建立了一种映射关系，换句话说，就是通过运动着的事物对信息以及本质特征进行掌握，从而建立起一种本质关系的映射。对于简单的事物来说，可以建立简单模型。对于复杂事物来说，其模型往往会存在着多层次、多剖面的隶属关系，所以根据特定的前提条件和目的建立多种模型。以下主要是通过分析信息攻击和防御过程，在系统层次的基础上，建立起一种信息系统攻击与对抗过程的"共道—逆道"抽象模型。如图4-2所示。

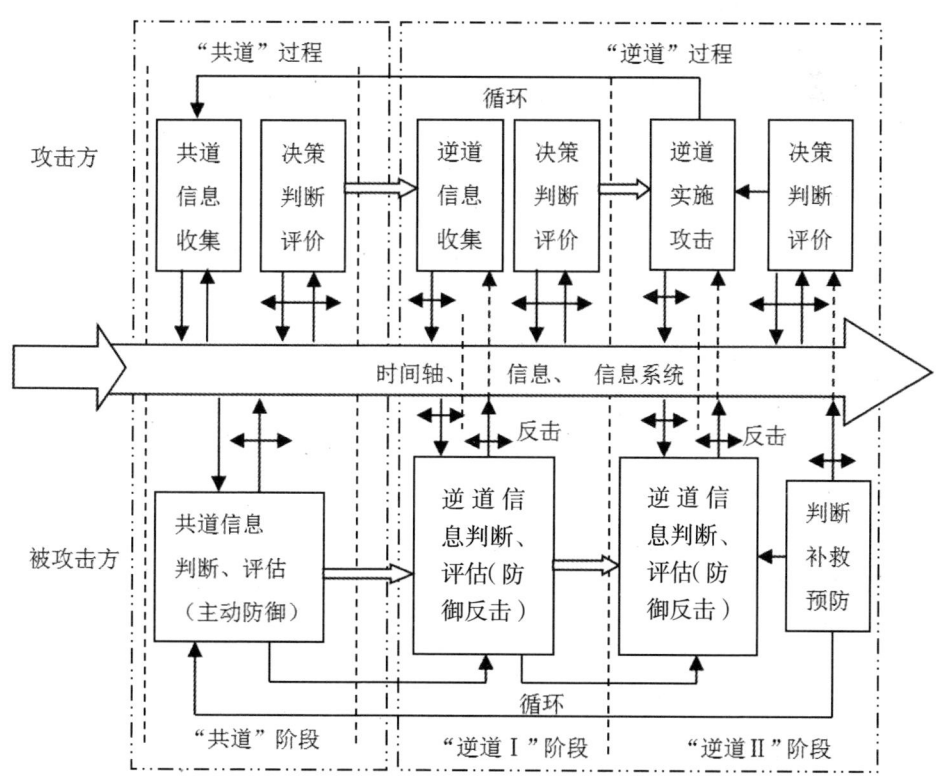

图4-2　信息系统攻击与对抗过程"共道—逆道"模型

攻击和对抗可以被视为一个具体的过程，并将其置于准静态之中来进行分析和建模。对于一个具体攻击和对抗来说，属于连续之中的间断，也就是说，既有开始也有结束，对抗的方式和方法也各不相同，同时，还包括不同的子阶段，各子阶段之间有联系也有区别。之所以会这样，是因为双方都希望在最短的时间内让对方失败,从而可以结束这一过程,但是从整体上来看,信息系统的发展过程是比较矛盾的,并且它依然在不断地演化和发展。

二、身份认证技术

身份认证技术是一项重要网络安全技术,可能会涉及每一个人,将会越来越重要。本节从身份认证的基本概念讲起,简述各种身份认证的方法,重点介绍基于生物特征的身份认证技术。一般情况下,我们可以对身份认证的技术做如下分类:①从认证需要验证的条件来分,可分为单因子认证和多因子认证,使用一种验证条件为单因子认证,使用两种(或三种)验证条件为多因子认证;②从是否使用硬件来看,可分为软件认证和硬件认证;③从认证信息来看,可分为静态认证和动态认证。

(一)身份认证的基本概念

身份认证是安全保障体系中的一个重要组成部分。身份认证必须包括以下两种可供验证的内容:一个是身份;一个是授权。"身份"的作用是让系统知道确实存在这样一个用户;"授权"的作用是让系统判断该用户是否有权访问他申请访问的资源或数据。授权的种类和方式有很多,Windows NT 中的文件访问权限就是一个绝佳的授权示例。注意:有时将身份、身份认证和授权这几项被放在一起讨论,总称为"访问权限控制"。

身份、身份认证和授权将依次回答下面四个重要问题:你是谁?你属于这里吗?你有什么样的权限?我怎么才能知道你就是你声称的那个人?用户只有在回答了这四个问题之后才能访问受保护资源,这些受保护资源可以是一个Web 服务器、一个工作站或者一个路由器。

智能卡、SecureID 和电子纽扣确实是很有效的身份认证手段,但万一丢失就比较麻烦。所以,具体到每一种方法都有其各自的局限性,"拥有的一些东西"可能被偷走;"知道的一些事情"可能会被猜出来、大家都知道或者被忘记;而"身体的一些特征"虽然是最强的验证方法,但实现成本却很高。

为了加强身份认证功能,可以把多种方法组合起来,最常见的措施是双重身份认证,还可以使用三重身份认证,如把指纹信息保存在一个电子纽扣上,而这个电子纽扣需要用户输入自己的 PIN 才能拿到。何时需要采用强力身份认证措施?在决定是否采用强力身份认证措施时,所考虑的最重要因素是以资金额、公众接受程度或其他适当方式计算出来的代价,即因非授权数据访问或非授权资源使用而可能造成的损失。

（二）身份认证的方法

身份认证的方法有许多种，不同方法适用于不同的环境，下面简介几种。

1. 用户 ID 和口令字

用户 ID 和口令字的组合是一种最简单的身份认证方法，也是大家最熟悉的方法，随着时间的推移，好像任何东西都需要有口令字了。除了日常工作中需要记住用到的一大堆口令字以外，还有登录 ISP 要口令字、检查个人电子邮件账户要口令字、银行账户要口令字等很多。许多人认为口令字身份认证不够安全，但它却是一个很有效的手段。口令字身份认证的最大问题来自用户，总有人使用"坏"口令字。

下面对 NT 口令字的安全问题进行说明。许多专家坚持认为口令字的长度最少要有 8 个字符，但对 NT 来说，正好是 7 个或 14 个字符的口令字安全程度是最强的。这是因为把口令字保存到 SAM 文件里去的 LANMan 算法在对口令字进行加密之前会按每 7 个字符一组的方式把它们分成几个小段。一个 10 个字符的口令字实际相当于 7 个字符再加上 3 个字符，那 3 个字符很容易被口令破解工具猜出来，而且说不定还会给如何破解剩下的那 7 个字符提供了线索。非打印 ASCI 字符也能帮助加强 NT 口令字的安全性，有很多口令字破解程序不支持非打印字符。

暴力攻击、字典攻击、盗用、遗忘，口令字是很难抵抗或避免这些情况的。如果口令字验证过程本身就有弱点，再好的口令字也没有实际意义。如果应用程序是以明文（没有加密）的形式把口令字发往验证服务器的，则口令字无论是 257 个字符还是 2 个字符，通过一个网络嗅探器就可以窃听到。

2. 数字证书

通常情况下，要想确认安全电子商务交易双方的身份，唯一的一个工具就是数字证书。并且，证书管理中心也为其做了数字签名，所以对于数字证书上的内容，任何第三方都不可能对证书的内容进行修改。同时，凡是持有信用卡的人，若想在网上参加安全电子商务的交易，必须要做的一项内容就是申请相对应的数字证书。

用数字证书来进行身份认证就必须有公共密钥体系，但因为 PKI 体系的高成本和高复杂性，目前拥有它的企业或机构还不太多，大多数公司现在还不能把数字证书当成身份认证的办法。而那些已经使用数字证书的企业通常是用这些证书来验证进入"虚拟专用网"的用户身份的。

数字证书经常与智能卡或电子纽扣联合使用，这类组合既具有物理安全性，又能满足移动办公的要求。用数字证书来进行身份认证虽然提高了防护水平，但因此也增加了成本。

3.SecureID

SecureID 是安全动态公司开发出来的技术，后被 RSA 收购。SecureID 已经成为令牌身份认证事实上的标准。许多应用软件都能配置成支持 SecureID 作为身份认证手段的模式。与时间变化同步的 SecureID 卡上有一个显示着一串数字的液晶屏幕，数字每分钟变化一次。用户在登录时先输入自己的用户名，然后输入卡牌上显示的数字。主机系统当然知道该用户在这一时刻登录应该输入哪些数字。如果数字正确，用户就能进入系统访问资源了。

采用 SecureID 作为身份认证办法有这样一个弊端：无论使用什么样的身份认证装置，用户都必须做到随身携带，而用户经常会忘记带这些装置，就进不了系统。此外，身份认证装置和 ACE/Server 服务器也可能出现不同步的现象。出现这种情况时，必须立刻有一个系统管理员去重置 ACE/Server 服务器。如果系统管理员不能及时赶到，用户就不能登录。

4.Kerberos

Kerberos 是一种网络身份认证协议，是由麻省理工学院开发的，它使客户程序能够通过一个无安防措施的网络向服务器提供自己的身份。客户和服务器之间通过 Kerberos 证明彼此的身份之后，它们还可以对彼此之间的全部通信进行加密以保证私密性和数据的完整性。

Kerberos 的典型用法是"网络上的某个用户准备使用某项网络服务，而该项服务需要对该用户就是他自己声称的那个人进行确认"的场合。用户出示由 Kerberos 身份认证服务器签发的一份证明书，就像出示由车管所签发的驾驶执照一样。Kerberos 身份认证服务器查验这份证明书，验证出该用户的身份。如果一切顺利，就接纳该用户并允许他使用这项服务。因此，这份证明书所包含的资料必须是与这个用户有直接的联系。证明书必须能够证明持证者知道一些只有证明书的合法主人才会知道的事情，如一个口令字。此外，还必须有防范攻击者偷走证明书并盗用它的防范措施。Kerberos 的优点之一是它的"单站式签到"功能。在 Kerberos 服务器验证完用户的身份并签发了证明书之后，那份证明书可以用来登录访问多个设备。

（三）生物特征身份认证与识别

传统的身份认证方法非常容易被窃取和伪造，一旦身份标识物品或者密码被窃，将造成很大的损失。针对这种情况，一种以防伪为特征的高新技术——生物特征身份认证技术便由此产生。下面介绍几种基于生物特征的身份认证技术。

1. 指纹识别技术

不同手指的指纹纹脊的式样不同和指纹纹脊的式样终生不变是使用指纹进行身份认证得以成立的两个重要特性。开始于20世纪60年代的自动指纹识别系统，是目前生物特征识别技术中最为成熟的身份认证手段，现有的指纹自动识别系统已经进入了操作方便、准确可靠、价格适中的实用阶段。

2. 虹膜识别技术

由于胚胎发育的环境存在着差异，所以世界上的每个人所具有的虹膜信息都会存在着一些细微的差别，这些细微的特征信息即为虹膜的纹理信息。与指纹等生物特征相比，虹膜所具有的生物特征更加稳定和可靠。并且，因为虹膜是眼睛的外在组成部分，这也就使得使用者在通过虹膜来鉴定身份的过程中，并不需要直接接触身份鉴别系统。这种唯一性、稳定性和非侵犯性，是虹膜识别技术在未来具有广泛应用前景的一个重要原因。

3. 面像识别技术

面像识别由于具有无须特殊的采集设备、系统成本相对低、不干扰使用者、不侵犯使用者的隐私权等特点，因此成为目前实际使用的广泛程度仅次于指纹识别的生物特征手段。

4. 声纹识别技术

声纹识别系统主要包括以下两部分（如图4-3所示）。

①特征提取。这一部分的主要任务就是选取唯一表现说话人身份的有效且稳定可靠的特征。

②模式匹配。这一部分的主要任务就是对训练和识别时的特征模式进行相似性的匹配。

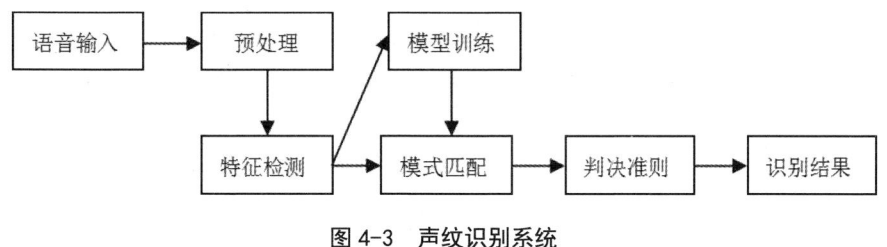

图4-3 声纹识别系统

5. 远距离步态识别

与其他生物识别系统不同，远距离步态识别很容易就能在远距离进行捕获，并不需要使用者近距离或者直接接触。这种识别方式通常被用在银行、机场、军事基地等安全敏感的场所，以便进行较大范围的视觉监控。步态识别的一般框架如图4-4所示。

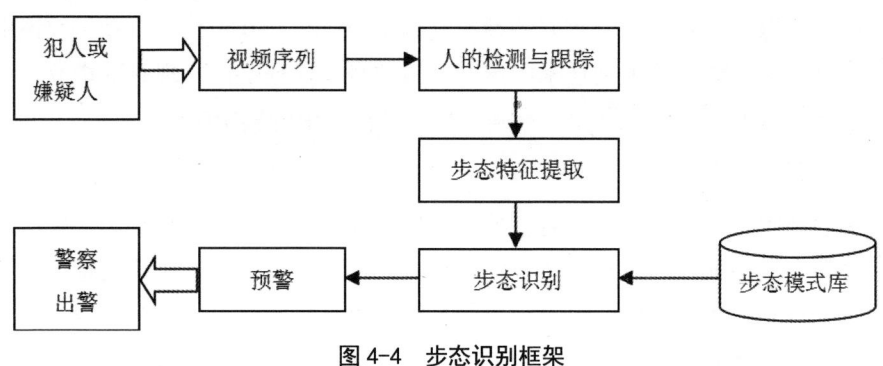

图4-4　步态识别框架

6. 其他基于生物特征的身份认证技术

①DNA。对于每个人来说，所具有的DNA都是唯一的（双胞胎除外）。这种身份识别技术常用于法律中人的识别。

②签名。这种方式主要是通过对笔的移动进行分析，如加速度、压力、方向以及笔画的长度等，而并不是对签名图像本身进行识别。这种识别方式存在着以下缺陷：第一，会受到时间、签名人身体和感情状况的影响；第二，很容易被专业伪造者复制和模仿。

③视网膜。与虹膜一样，视网膜也是被公认的较为可靠的一种生物特征。虽然它的准确性极高，但是用起来却非常不方便。目前主要是通过低密度的红外线来进行视网膜的扫描，从而去捕捉角膜的独特特征。在采集的过程中，使用者必须要在扫描仪读取角膜信息的过程中始终保持直立不动的状态，所以对于很多终端用户来说都很难接受。

④耳朵。这种识别方式主要是区分每个人耳朵的形状和结构。人耳与脸、虹膜、指纹一样，都是人体特有的生物特征，都具有普遍性、唯一性和稳定性。并且，美国科学家在对其进行研究后已经得出了结论，即每个人耳朵的外耳、耳垂等轮廓和结构都各不相同。

三、信息加密技术

（一）信息加密的基本概念

对于密码算法安全性的研究主要有以下两种。

①信息论方法研究的是破译者是否具有足够的信息量去破译密钥系统，侧重理论安全性。

②计算机复杂性理论研究的是破译者是否具有足够的时间和存储空间去破译密钥和明文，主要依靠两个方面：第一，明文信息之间的相关特性和冗余度；第二，密码体制本身，即密文与明文之间的相关度。密码设计与破译分析之间的对抗、竞争是现代密码学研究和发展的推动力。

信息加密指通过使用密钥进行加密变换，将信息变为密文而防止信息泄露。合法用户接收到密文后，利用解密密钥将密文恢复为明文。其原理过程如图 4-5 所示。

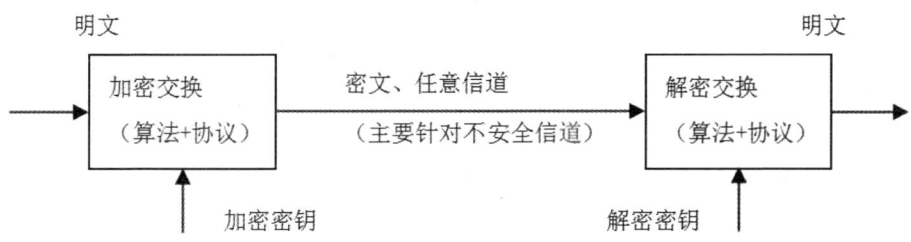

图 4-5　信息加密、解密基本原理

（二）信息加密原理与标准

1. 对称密钥加密体制

对称密钥加密体制（又被称为私钥加密体制）指在加密过程中，对信息的加密和解密都使用相同的密钥。如图 4-6 所示。

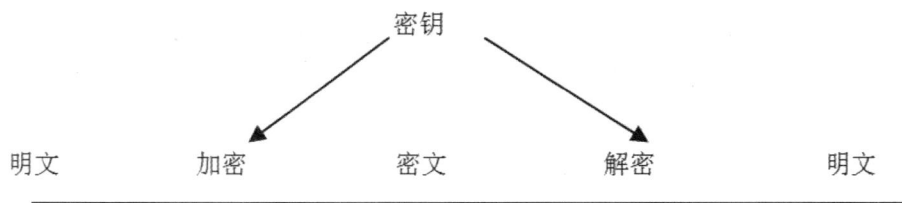

图 4-6　对称密钥加密体制

对称密钥加密体制主要包括以下两种：①分组密码；②序列密码。其中序列密码又是由密钥和密码算法组成，相比于分组密码，它的运算速度要更快一些，安全性也相对较高。下面主要对以下几种常见算法进行介绍。

（1）DES算法

在DES算法中数据以64 bit分组进行加密，密钥长度为56 bit。加密算法经过一系列的步骤把64 bit的输入变换成64 bit的输出，解密过程中使用同样的步骤和同样的密钥。DES加密算法描述如图4-7所示。

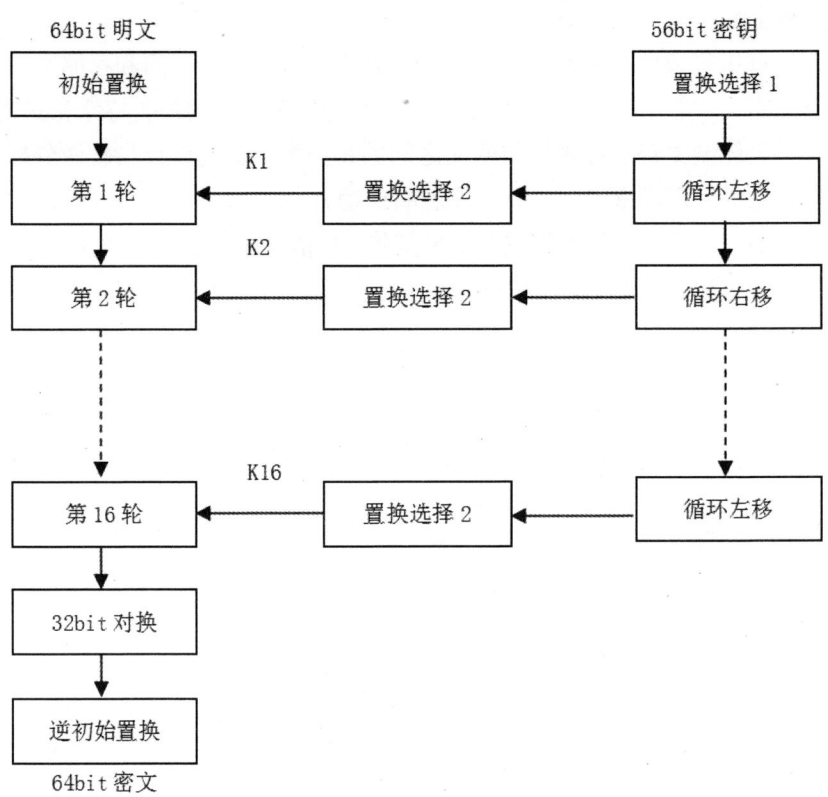

图4-7　DES加密算法描述

（2）IDEA算法

IDEA算法的前身是詹姆斯·梅西完成于1990年，被称为PS的算法。1991年，经比厄姆和沙米尔的差分密钥分析之后，强化了算法抵御攻击的能力，就称这个算法为IES，IES在1992年被命名为IDEA，即国际数据加密算法。

IDEA算法被公认为是目前为止最安全的分组密码算法。它被认为仅循环四次就可以抵御差分密码分析，按照比厄姆的观点，相关密钥密码分析对IDEA也不起作用。由于随机选择密钥产生一个弱密钥的概率很低，所以随机选择密钥基本没有危险。

2. 非对称密钥加密体制

在加密的过程中,密钥被分解为一对,这对密钥即为非对称加密密钥,也称为公开加密密钥。这种密钥的任何一把都能通过非保密的方式作为公开密钥进行公开,剩下的一把则必须作为私有密钥来进行保存。公开密钥用于对信息的加密,私有密钥则用于对加密信息的解密。其模型如图4-8所示。

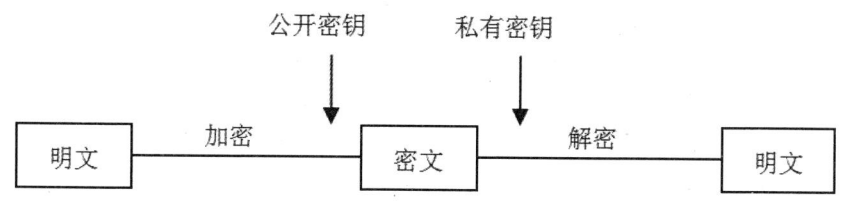

图4-8 非对称密钥加密体制

(1) RSA 公钥体制

1978年,李维斯特、沙米尔和阿德勒曼共同提出了RSA公钥体制,它是第一个公钥体制,同时也是最为成熟和完善的公钥体制。它的安全性是基于大整数的分解,而体制的构造是基于欧拉定理。

(2) Elgamal 公钥体制

Elgamal构造了一种基于离散对数的公钥体制,这就是Elgamal公钥体制。有限域Z_p上的离散对数问题是这样的:$I=(P, \alpha, \beta)$,P为素数,α是Z_p的一个本原元,且β源于Z_p^*,则求一个唯一的α,$0 \leq \alpha \leq p-2$,使得$\alpha^n=B$是一个离散对数问题。如果p是经过仔细选择的,则上述离散对数问题是一个难解性问题。而概率加密体制恰恰弥补了其不足,提高了安全性。为了抵抗已知明文攻击,p至少需要150位(十进制),而且$p-1$必须至少有一个大素数因子。

和既能做公钥加密又能做数字签字的RSA公钥体制不同,Elgamal公钥体制是在1985年仅为数字签名而构造的。NST采用修改后的Elgamal公钥体制做数字签名体制标准。破译Elgamal公钥体制等价于求解离散对数问题。

四、物理隔离技术

物理隔离技术是信息安全领域中的一种重要的安全措施。

(一) 基本概念及原理

物理隔离技术彻底避开了采用判定逻辑方法存在的问题,是从硬件层面来解决网络的安全问题的,因此是解决网络安全问题的全新思路。物理隔离技术的研究目标是在保证隔离的前提下解决以下两个问题。首先,如何能够让内部网用户安全地访问外部网。这个问题的解决就是采用物理隔离系列产品,即客户端隔离技术;其次,如何让两个网络之间进行必要的信息交换。这个问题的解决就是采用安全网闸系列产品,即服务端隔离技术。

物理隔离就是将待保护的信息系统与其他系统从物理上隔离开来,在信息网络上的具体应用:一种方法是将其物理连接隔离,另一种方法是将信息从物理空间上进行隔离。但这种隔离对于绝对封闭的系统是没有意义的,故这种安全措施的有效方法是既有隔离又有连接。具体体现在计算机网络上就是一方面实现网线的物理隔离,另一方面实现存储介质上信息的物理隔离。如图4-9所示为物理隔离基本原理图。

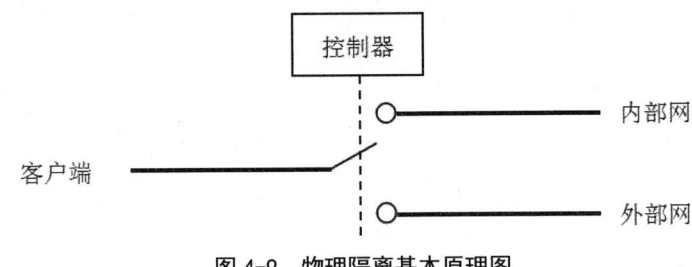

图4-9 物理隔离基本原理图

此外物理隔离方法还需要处理内部网和外部网的信息交流问题,目前一般采用信息交流服务器来解决,如图4-10所示为信息交流系统原理图。A网和B网是通过信息交流系统来传递信息的,信息交流系统与A网连接时与B网完全断开,信息交流系统与B网连接时与A网完全断开。

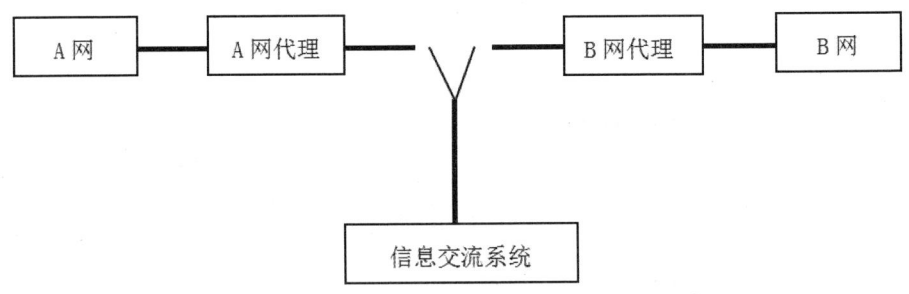

图4-10 信息交流系统原理图

(二) 物理隔离技术的发展

物理隔离技术的发展从开始到现在可以大致分为三代产品。
①主要采用双网机的技术。
②主要采用基于双网线的安全隔离卡技术。
③主要采用基于单网线的安全隔离卡技术加上网络选择器方法。

除此之外，一些比较大的计算机制造厂，由于具有直接掌握主板制造技术的优势，所以能够在更底层的技术层面进行设计，从而可以根据不同的网络来选择不同的硬盘，很好地实现物理隔离。但采用这类方法隔离计算机，就无法对原有设备进行很好的利用，这时就需要更换计算机，也就是说，每个用户的计算机成本都增加了一倍，这对于用户来说无疑是一种浪费，并且其应用也在一定程度上受到了限制。

（三）对物理隔离方法的安全性分析

1. 技术方面

从技术上讲物理隔离方法解决了信息网络物理层面（通信链路）和信息层面（信息存储介质）的空间阻断。这种以物理链路层为基础的通断控制方法，很好地阻断了内部网和外部网的网络物理连接，任何攻击行为都无法通过这种连接进入系统，这样的网络安全比软件方式的保证更加有效，比防范性、检测性的安全策略更可靠，更值得信赖。这样的方式能够有效做到以不变应万变，并能从物理层空间上把攻击阻挡在外面，具有较高的安全性，较高程度地保证了内部信息网络的安全性。

2. 理论方面

从理论上来看，物理隔离方法实现了对信息空间和时间的阻断，在信息安全与对抗核心链中达到了本身所具有的特殊性（个性），反其道而行，创造了与攻击行为的非对称性（与外网连接中无法与内网建立信息连接），从而间接地实现了对自我信息的隐藏。

五、虚拟专用网技术

（一）VPN 的结构

VPN 主要有以下两种结构。

①网络与网络之间通过 VPN 互联的示意图，如图 4-11 所示。这种结构的 VPN 适于在企业分支机构之间、政府机关之间或 ISP 之间构建。

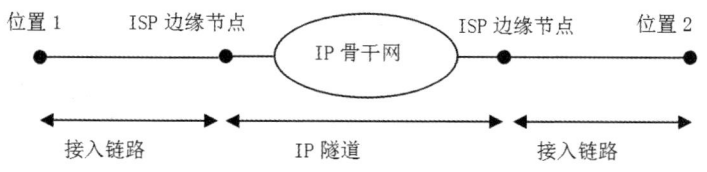

图 4-11　网络与网络之间通过 VPN 互联的示意图

②主机与网络之间通过 VPN 互联的示意图，如图 4-12 所示。这种结构适于普通拨号用户或企业员工通过 PSTN 或 ISDN 线路拨号接入 VPN 的情况。

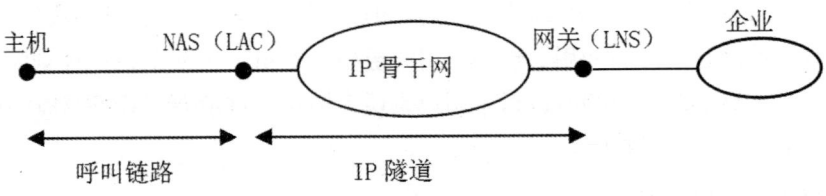

图 4-12　主机与网络之间通过 VPN 互联的示意图

（二）VPN 的关键技术

实现 VPN 的关键技术主要有以下几种。

1. 安全隧道技术

对原始信息进行加密和协议封装处理之后，嵌套装入另一种协议的数据包送入安全隧道，让其能够和普通数据包一样进行传输。在经过以上处理之后，隧道中的嵌套信息就只能被源端和目标端的用户解释和处理，但是对于其他用户来说，它只是一些没有任何意义的信息而已。

2. 用户认证技术

应在确认了用户的身份之后，才能开始正式的隧道连接，以便系统进一步实施资源访问控制或用户授权。

用户认证这一功能具体来说就是数据完整性验证功能的一种延伸。如果一方不希望验证秘密被传送到网络上，但又想要对对方进行验证。这个时候，一方就可以先发送一个随机报文给对方，对方在发回时，要将连接上报文摘要的秘密信息一同发回。这时，接收方就可以通过对发回摘要的正确性进行验证，从而确定发送方有没有秘密信息，完成对对方的验证。

3. 访问控制技术

由 VPN 服务的提供者与最终网络信息资源的提供者共同协商确定特定用户对特定资源的访问权限，以此实现基于用户的访问控制，以实现对信息资源的最大限度的保护。

六、灾难恢复技术

（一）系统容错

系统容错指系统在某一部件发生故障时仍能不停机地继续工作和运行，这种容错能力是通过相应的硬件和软件措施来保证的，可以在应用级、系统级以及部件级实现容错，主要取决于容错对象对系统影响的重要程度。

系统容错属于系统可靠性措施，似乎与网络安全关系不大。其实不然，系统故障可以分成硬故障和软故障。硬故障指因机械和电路部件发生故障而引起系统失效，一般通过更换硬件的方法来解决。软故障指因数据丢失或程序异常而引起系统失效，一般通过恢复数据或程序的方法来解决。

（二）集群系统

集群系统是一种由多台独立的计算机相互连接而成的并行计算机系统，作为单一的高性能服务器或计算机系统来应用。集群系统的核心技术是负载平衡和系统容错，主要目的是提高系统的性能和可用性，为客户提供 $24\,h \times 7\,d$ 不停机的高质量服务。与容错系统相比，集群系统不仅具有更强的系统容错功能，并且还具有负载平衡功能。

1. 集群系统组成方式

集群系统主要有两种组成方式。一是使用局域网技术将多台计算机连接成一个专用网络，由集群软件管理该网络中各个节点，节点的加入和删除对用户完全透明。二是使用对称多处理器构成的多处理机系统，各个处理机之间通过高速 I/O 通道进行通信，数据交换速度较快，但可伸缩性较差。不论哪种组成方式，对于客户应用来说，集群系统都是单一的计算机系统。

2. 高可用性

在集群系统中，负载平衡功能将客户请求均匀地分配到多台服务器上进行处理和响应，由于每台服务器只处理一部分客户请求，加快了整个系统的处理速度，从而提高了整个系统的吞吐能力。同时，系统容错功能将周期地检测集群系统中各个服务器的工作状态，当发现某一服务器出现故障时，立即将该服务器挂起，不再分配客户请求，将负载转嫁给其他服务器分担，并向系统管理人员发出警报。可见，集群系统通过负载平衡和系统容错功能为用户提供了高可用性。

可用性指的是一个计算机系统在使用过程中所能提供的所有可用能力，通常是用总的运行时间与平均无故障时间的百分比来表示。所谓高可用性指系统的可用性为99%以上，高可用性一般采用硬件冗余和软件容错等方法来实现。集群系统将硬件冗余和软件容错进行有机结合，即使是一般的集群系统的可用性都可以为99.4%～99.9%，有些集群系统的可用性甚至可以为99.99%～99.9999%。

3. 高容灾性

高容灾性指在高可用性的基础上提供更高的可用性和抗灾能力。具有高可用性集群系统的计算机一般放置在同一个地理位置上或一个机房里，这就使得计算机之间分布距离非常有限。具有高容灾性集群系统的计算机一般放置在不同的地理位置上或至少两个机房里，计算机之间分布距离较远，如两个机房之间的距离可以达到几百千米或者上千千米。一旦出现天灾人祸等灾难时，处于不同地理位置的集群系统之间可以互为容灾，从而保证了整个网络系统的正常运行。高可用性集群系统的投入比较适中，容易被用户接受。而高容灾性集群系统的投入非常大，立足于长远的战略目的，一些发达国家比较重视对高容灾性集群系统的投资。

目前，很多的网络服务系统，如 Web 服务器、E-mail 服务器、数据库服务器等都广泛采用了集群技术，使得这些网络服务系统的性能和可用性有了很大的提高。在网络安全领域中，集群技术可作为一种灾难恢复手段来应用。

（三）NAS

NAS 技术是网络计算模式从"分布式计算、分布式存储"模式发展到"分布式计算、集中式存储"模式的关键。它有利于提高网络工作效率，降低海量存储设备价格，受到了各家存储厂商的重视，使得他们在市场上不断地推出高性能的 NAS 产品。NAS 服务器主要有以下两种应用模式。

①一是作为文件服务器，与传统文件服务器相比，这种文件服务器的性能更高，连接更方便。

②二是作为 Web、E-mail 等系统的后端存储器，允许客户使用 HTTP、FTP、NFS 和 CIFS 等多种协议存取 NAS 服务器中的文件。

基于 NAS 的灾难恢复系统（NDRS）建立在先进的网络计算模型"分布式计算、集中式存储"的基础上。它主要是将网络服务和网络存储分离开来，从而形成以下两个相对独立的网络。第一，服务器网络；第二，存储网络。这两个相对独立的网络在保护系统和数据时往往会采用不同的技术手段，从而使整个系统的网络灾难容忍能力和执行效率得到进一步的提升。NDRS 网络体系结构如图 4-13 所示。

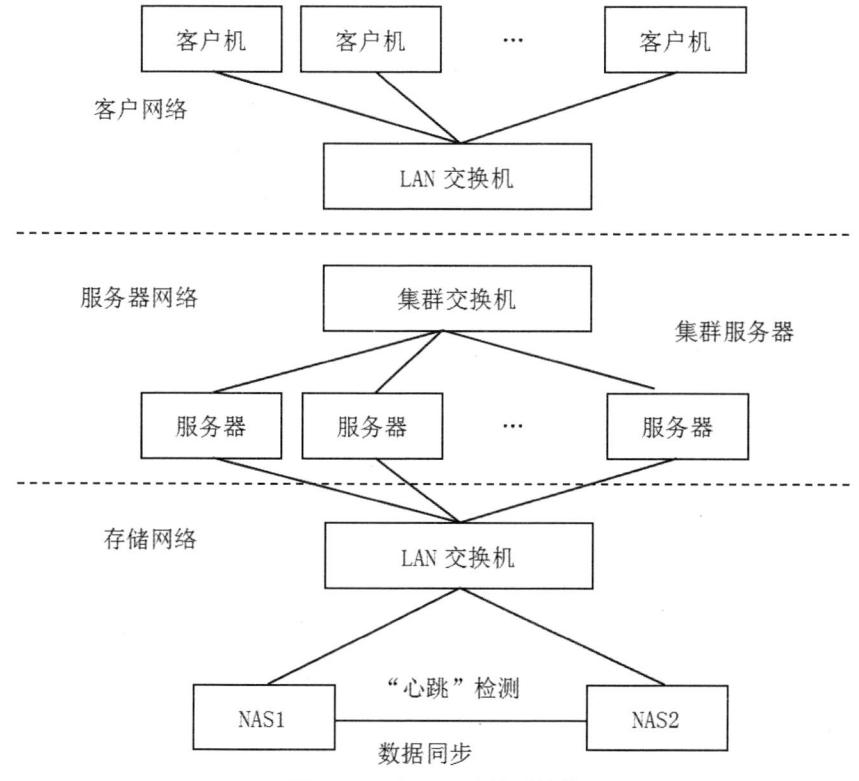

图 4-13 NDRS 网络体系结构

从网络体系结构上，NDRS 将整个网络系统分成以下三个部分：客户网络，由客户机、LAN 交换机或 WAN 链路组成，用于连接客户机和用户接入；服务器网络，由集群交换机和服务器群组成，基于集群技术构成一个高可用和高性能的网络服务环境；存储网络，由 LAN 交换机和存储服务器组成，用于提供网络存储服务和数据容灾服务。

网络系统是通过系统计算资源提供网络服务的。它所面临的安全风险是因黑客攻击和系统故障而引起的服务中断和系统崩溃，其保护对象是服务器系统及其计算资源。在 NDRS 中，通过集群交换机所提供的流量过滤、DoS 攻击防护、负载均衡和故障管理等功能建立起高安全性、高可用性的高性能网络服务环境，使网络服务系统能够安全和可靠地运行，并具备很强的系统容灾能力。

所谓集群交换机是一种集流量过滤、负载均衡、故障管理和网络交换为一体的高层交换机。网络存储通过网络存储资源提供网络数据存储服务，它所面临的安全风险是因黑客攻击、网络病毒和系统故障而引起的数据丢失、破坏和篡改等，其保护对象是网络存储器及其数据资源。在 NDRS 中用系统故障监控与恢复、实时数据备份与恢复、数据访问认证与保护等方法对网络数据实施有效的保护，使系统具备很强的数据容灾能力。

为了解决 NAS 服务器容错和数据保护问题，系统使用了两个 NAS 服务器，它们之间通过一个传输速率为 100 Mb/s 的链路或高速光纤链路相互连接，用于"心跳"检测和数据同步。同时，每个 NAS 服务器都连接到网络上，一个是工作机，另一个是备份机。工作机和备份机通过协同工作实现系统容错和数据保护。当工作机或备份机检测到对方的状态发生改变时，都会根据不同的情况进行相应的操作。

①当工作机检测到备份机出现故障并已不能正常工作时，工作机就会立刻发出警告信息。

②当备份机检测到工作机出现故障并已不能正常工作时，除了发出警告信息外，还会自动地接管工作机的工作。

③当原来的工作机重新恢复到正常状态时，备份机将会自动放弃工作，返回到监控状态，工作机则进入工作状态。

系统采用增量备份方式进行数据同步，当工作机接收到数据写入请求时，将数据写入本地磁盘的同时，通过同步线将数据发送给备份机。备份机接收到数据后，首先验证数据写入权限，检查该数据是否将写入到只读文件中。若是，则发出警告信息，并将数据存放到一个临时文件中。发生这种情况有两种可能：一是管理员主动修改了只读文件；二是黑客企图篡改只读文件。因此，通过发出警告信息由管理员进行确认，以防止黑客对数据文件的修改。

工作机与备份机之间可以通过 100Mb/s 本地链路进行近程连接，连接距离为 100m，其工作模式是容错模式。两者还可以通过光纤链路进行远程连接，最大连接距离为 l0km，其工作模式是容灾模式，即当备份机检测到工作机出现故障时，只能发出警告信息，但不能接管工作机的工作。

NDRS 是一种基于先进网络计算模型的网络容灾技术，将网络服务和网络存储分离开，采用不同的技术来解决各自的灾难恢复问题，针对性强、容灾效果好。由于 NAS 服务器的价格较低，因此整个系统具有很高的性能价格比。

七、无线网络安全技术

蜂窝移动通信的应用是在 20 世纪 80 年代开始兴起的，其间经历了多个发展阶段。无线技术应用也从简单的语音应用发展到了语音、数据和视频等综合应用的移动数据通信阶段。就移动数据通信而言，有如下多种运行模式。

①基于蜂窝的增值业务 CSD、SMS、HSCSD。
②基于蜂窝电话系统的分组交换技术 CDPD、GPRS。
③专用蜂窝移动数据网。
④无线因特网 WAP、I-mode。
⑤无线局域网 WLAN 和卫星移动数据网等。

在未来的第三代移动数据通信中，基于分组的 IP 技术和多媒体技术会是技术发展的核心。3G 系统乃至后 3G 系统的技术是数字蜂窝技术、现代移动数据通信技术和计算机因特网技术的综合体。

无线网络从 GSM 发展到 GPRS 再到 3G 系统以及 CDMA 和 WLAN 等技术，保密、鉴权、认证都是其中的关键技术。无线网络由于其本身特有的空间开放性使得它们的保密性及安全特性是与固定网络不尽相似的。无线电波是暴露于空间之内的，任何的恶意攻击者都可以在一定的区域空间内侦听和发射无线电波，达到获取网络私有数据的目的。当安全关键业务在未来的基于全 IP 的互联网络结构中（包括有线网络和无线网络）运行时，这将是对网络安全的极大的考验。我国在关于无线网络安全技术发展要求当中也强调了无线安全体系的建立，及对无线网络的关键技术和共性技术进行相关研究，包括密码算法、认证技术、密钥管理技术、整体安全体系以及其他相关安全协议的研究。

（一）移动通信系统的安全性

1.GSM 的安全体系结构

GSM 系统属于第二代移动通信的范畴。CSD 和 HSCSD 是可以建立在 GSM 电路交换基础上的数据交换。GSM 系统具有相关的安全保护方法，可防止在空中接口时泄露用户识别码、位置信息和所传递的私人信息，涉及的环节主要有以下几方面。

（1）对接入设备使用者的鉴权

对于 SIM 卡合法性的鉴别就是靠鉴权过程来实现的，它能够有效阻止非法用户接入网络，这一过程通常发生在每次进行位置登记需要进行呼叫建立或执行某些补充业务登记、删除之时，具体过程如图 4-14 所示。

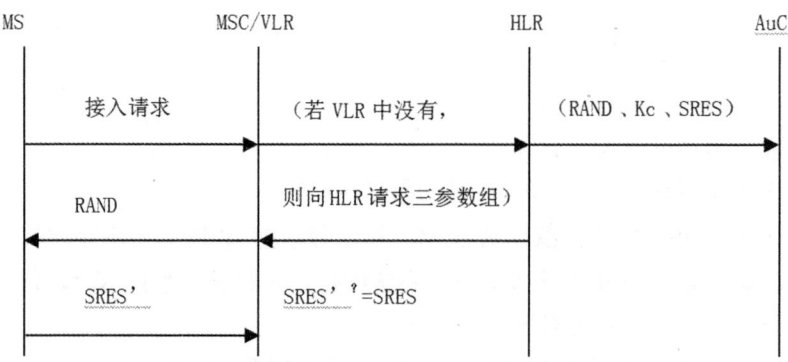

图 4-14 GSM 的认证过程

AuC 应 MSC/VLR 的要求，生成用于鉴权的随机数（RAND），利用 Ki 和 A3 算法产生符号响应 SRES。同时利用 A8 算法产生密钥 Kc，将生成的三参数组（RAND、Kc、SRES）存于 HLR 中。当 MSC/VLR 产生请求时，HLR 将三参数组传递给 MSC/VLR。VLR 将 RAND 通过空中接口传给移动台 MS，移动台将利用与 AuC 相同的 Ki 算法产生 SRES'并回传。最后，在 MSC/VLR 中进行 SRES'与 SRES 是否相等的判别，以验证用户的合法性。

（2）对接入设备的识别

每一个接入网络中的合法设备均有一个国际移动台设备识别码（IMEI），移动网络系统的设备识别寄存器（ER）将对移动台发送过来的 IMEI 进行分辨，区分其是白名单、黑名单、灰名单中的一个，以防止盗用设备以及非法设备的入网使用。

（3）使用 TMSI 以对用户识别保密

IMSI 是用户的特征号码，为了有效防止有人利用无线路径将 IMSI 截获，就需要对用户的特征号码进行保护。用户在完成位置登记之后，VLR 就会为他们分配一个临时的移动用户识别号（TMSI），并且还会在之后的无线传输过程中，使用 TMSI 来对用户进行标识，从而对用户信息进行保密。

（4）传输数据的保密

若想对用户的相关数据进行加密，可以通过 GSM 系统来实现，同时，该系统还能有效防止窃听和恶意攻击，保证用户数据的完整性。GSM 系统的加密过程通常是由授权过程中所产生的密钥来控制的，以便之后产生密码流，然后对密文进行解密，从而得到明文数据。

2.GPRS 的安全体系结构

GPRS 与 GSM 一样，需要对网络的安全提供一定的保障，具体如下所示。

①移动终端鉴别。GPRS 继承了 GSM 的终端鉴别方法，利用了 A3 加密算法，将 Ki 和 RAND 生成的移动台侧的 SRES'与网络端产生的 SRES 进行比较，以鉴别用户的合法性。

②移动设备的识别。根据用户的 IMSI 来标识设备的入网许可，保证每个用户获得相应的服务。

③用户特征号码（IMSI）的保密。GPRS 与 GSM 一样，采用 TMSI 来替代 IMSI 来防止用户特征号码的泄露。IMSI 只是在一开始时用来进行鉴权使用。TMSI 在 GPRS 中用 P-TMSI 标识进行标识。

④用户信息的保密。通过使用一定的保密算法来对用户的数据先加密再传输。

⑤内部 IP 地址和隧道传输。GPRS 骨干网与用户所使用的 IP 地址是有区别的，并且对于用户来说，是无法获取 GPRS 骨干网的 IP 地址的。换句话说，就是 GPRS 骨干网使用安全的 GPRS "隧道"来传递用户的 IP 地址或是 X.25 数据流。如今，GPRS 骨干网基于 IPv4，以后会引入 IPv6 以具有更强的安全性和更好的网络服务质量。

3.CDMA（IS-95）的安全体系结构

CDMA（IS-95）仍属于第二代移动通信的范畴，但它是基于 CDMA 技术（码分多址）组建起来的。采用扩频技术，以实现多用户共用信道的目的。其安全性主要体现在以下几方面。

①通过扩频通信的方式，在无线接口上起到一定的保密作用。对于信令传递的可靠性，则可以通过两级保护措施，即物理层保护和信令层保护来实现。

②能够对移动台识别码、电子序列号和移动台级别码进行合理的利用，从而建立双向鉴权和识别过程。用户终端和网络之间通过相互认证和鉴权识别的方式来确保网络系统的安全性。

③在加密通道中传输信令和信号，此外，还能利用长度为 2421 bit 的伪随机长码来进行干扰，从而实现对传输数据的加密。

4.CDMA2000 的安全体系结构

CDMA2000 是第三代移动数据通信的范畴，在系统安全方面，CDMA2000 主要体现在以下几方面。

①从物理层面上来看，CDMA2000 采用的是直接序列扩频、多载频的系统，能够满足多用户接入的需求，可以说，该系统在一定程度上实现了物理层面的加密。

②在用户终端和网络设备之间存在着多种双向鉴权过程，从而使网络系统的安全性得到了保障，阻断了非法用户的接入。

③在传输层中，CDMA2000 存在着安全层数据包这种安全措施，从而有了双重的安全保障。对网络运营商而言，其提供的加密算法阻止了恶意终端的复制，对用户而言，伪随机码序列的使用保证了恶意入侵的不可实现性。

④CDMA2000 系统是基于 IP 的第三代移动数据业务。基于 IP 的许多安全协议可以引入其中。3G 系统和 WAP 都可以采用 PKI 技术及公开密钥算法和对称密钥算法的混合使用来保证可鉴别性、数据完整性、保密性和通信的不可否定性。

5. WCDMA 的安全体系结构

WCDMA 与 CDMA2000 一样是同属于第三代移动数据通信的范畴，WCDMA 得到了欧洲和日本业界的推广和支持。WCDMA 与 CDMA2000 相比可以获得更好的网络性能和更优的 QoS 服务。

在安全性方面，首先，WCDMA 是基于直接序列的扩频技术的，可以实现物理层面上的保密效果；然后，与 CDMA2000 一样，在无线接口方面存在双向鉴权识别的过程，以保证通信的安全性；最后，WCDMA 同样是基于 IP 的移动数据业务。基于 IP 的安全协议如 IPsec 和 VPN 等技术的应用可以提高 WCDMA 的安全特性。

（二）无线局域网络的安全性

WLAN 是主要用来标称 IEEE802.11、IEEE802.11b、IEEE802.11a 等系列标准的无线网络。IEEE802.11 可以支持的数据的传输速率为 1～2 Mb/s。IEEE802.11b 可以支持的数据传输速率为 11 Mb/s，同时支持动态的速率均衡技术，可根据信道的动态特性而分配不同的数据传输速率，如 5.5 Mb/s、2 Mb/s、1 Mb/s。IEEE802.11a 是针对高速应用而设立的标准，最大物理层数据传输速率可达 54 Mb/s，网络层的数据传输速率可达 25 Mb/s。WLAN 物理层的无线实现可以由 DSSS、FHSS 和 IrDA 技术来完成。

1.WLAN 的安全体系

①物理底层采用的扩频技术可以在一定程度上实现数据的保密。

②WLAN 是基于 IP 的移动数据业务，基于 IP 的安全协议和保密算法可以应用在 WLAN 中以加强它的安全特性。同时局域网中每个计算机具有一个唯一的 MAC 码，由此来进行认证和鉴权。

③有线等效保密协议（WEP）安全技术。IEEE 802.11 标准采用 WEP 来封包 802.11 的数据帧，以此来实现对 802.11 的安全保密使其性能达到固定网的标准。802.11 的 WEP 采用 40 bit 的 RC4 算法来加密数据，在同一个基本服务组中的密钥是共享的，即多个用户、每个帧的加密的密钥是一致的。密码流的产生由一个初始相位量和随机数一起通过 RC4 算法产生。WEP 缺乏有效的密钥管理协议，同时由于 40bit 的 RC4 算法的不安全性，使得其达不到起初设计的安全目标。

④ WEP2 协议。允许使用 104bit 和 128bit 的 RC4 算法来保证 WLAN 具有更优的安全性。

⑤对基于 AP 的无线局域网而言，节点 A 与 B 之间的通信要通过 AP 来完成，同时多个基本服务组通过骨干 IP 网互连，在网络之间通过设置用户口令和认证措施，以保证整个网络的安全。

⑥ 802.11 的设备提供商提供的额外安全保证。如采用同步的不相容的密钥更新机制；朗讯科技公司使用加长的 128bit 的 RC4 算法；某采购公司对 VPN 技术的引进等。它们一般都考虑到产品的兼容性因而仍然采用 WEP，只不过是在 WEP 基础上进一步加强安全的保障。

⑦服务集标识符（SSID）。对多个无线接入点设置不同的 SSID，同时，无线工作站应在出示正确的 SSID 之后才能有权力访问接入点，这样不仅能够实现不同群组用户接入的需求，同时还能区别限制资源访问的权限。需要清楚的是，这只是一个简单的口令，所以它所能提供的安全性是非常有限的，并且，如果接入点向外广播其 SSID，那么还会降低它的安全程度。

⑧物理地址过滤。无限网站网卡的物理地址都是不同的，如果想要进行物理地址过滤，则可以通过在无线接入点中手工维护一组允许访问的 MAC 地址列表来实现。由于物理地址列表必须随时更新，可扩展性差，并且物理地址在理论上可以伪造，所以这种授权认证的级别是相对较低的。

⑨虚拟专用网络（VPN）。虽然 VPN 并不属于 802.11 标准定义，但它却能帮助用户来抵抗无线网络存在的不安全因素，并且还能够提供以 Radius 为基础的用户认证以及计费。

⑩端口访问控制技术（802.1x）。802.1x 是用于无线局域网的适合于公共无线接入解决方案的一种增强性网络安全解决方案，它具有端口访问控制能力。

2.WLAN 采用的 WEP 安全体系的弊端

①加密的算法是基于密码流与明文流的 XOR 运算得到密文流的。同时，

密文的解密也是通过相似的运算过程完成的。但是 WEP 并没有针对每一帧或每一个包而设置不同的密码，因而存在入侵者解出一段密文后，所有的密文都会被解开的可能。

②采用的 RC4 算法，40bit 的长度太短、太脆弱。同时，由于 WEP 本身的原因，即使使用增长密钥的 RC4 算法，如使用 104bit 或 128bit 的密钥时仍难以保证系统的安全性。

③WEP 的问题出在它的认证加密的过程中。其中，初始向量是一个重要的变量。在 WEP 中初始向量只有 24bit，因而在运用当中不可避免地存在重复使用同一个加密密码的可能。而对攻击者而言，只要在传送的数据中存在重复使用同一个密码加密，就有可能解密出密钥来。

④WEP 中的密钥是共享的，每个帧或包都可能用同一个密钥。另外，认证 WEP 密钥的伪随机数的产生都是从同一设备的密钥产生器中得来的，造成了用户密钥的脆弱性。

⑤不支持增强的认证功能，如生物测定技术等。

⑥在密钥的管理上存在漏洞。例如，重复使用全局密钥，没有动态针对每一个基站或者是传送过程进行密钥管理。

⑦就整个应用的企业网络而言，防火墙的作用被削弱了。因为入侵者可能利用无线信号直接在防火墙的内部就把数据截获了。

⑧由于 WEP 存在安全问题，无线局域网的产品供应商又提供了各自的安全方案，相互之间的兼容性不好，阻碍了未来无线局域网的总体发展。

基于以上的分析，WLAN 的安全体系需要做新的改进。802.11 工作组在 WEP 问题上做了大量的工作。在 IEEE802.1x 标准中，工作组为 WLAN 设计了密钥管理体系。另外 802.11 工作组正在为 802.11 设计安全保障体系。具体应用时应采用以下几个方面的措施。

①改进密钥管理体系，保证整个系统密钥的合理分配。

②采用动态的密码更新机制，针对每一包进行密码更新。

③RC4 算法的改进，加长密钥长度，如使用 104bit 或使用 128bit 的加密密钥。或者用其他算法如 AES 算法、3DES 算法来代替 RC4 算法。

④引进 IP 网络中的安全协议机制，如 VPN 技术。

（三）蓝牙技术的安全性

1. 蓝牙核心概述

蓝牙以移动电话为核心工具，通过手机的单一接口来控制广泛使用的信息、消费性电子产品,包括 MP3、数字相机甚至汽车设备与家电用品。换言之,蓝牙技术持续发展的最终形态,是在既有的有线网络基础上,实现网络无线化的个人局域网络的建立,此局域网有效范围在 10～100m。

2. 蓝牙技术的安全性

(1) 安全模式

在蓝牙技术标准中主要定义了以下三种安全模式。

①该模式没有安全机制,在这种模式下,蓝牙设备会对链路级的安全功能进行屏蔽,所以该模式往往适用于非敏感信息的数据库访问。

②该模式能够提供业务级的安全机制,允许更多灵活的访问。

③该模式能够提供链路级的安全机制,对于建立起来的所有应用程序,链路管理器都会以一种公共的等级来强制执行安全标准。

(2) 设备和业务的安全等级

蓝牙设备和业务的安全等级通常都是由蓝牙技术标准来定义的。

①对于蓝牙设备来说,主要定义了三个级别的信任等级:第一,可信任设备;第二,不可信任设备;第三,未知设备。

②对于蓝牙业务来说,主要定义了以下三种安全级别:第一,需要授权与鉴权的业务;第二,仅需鉴权的业务;第三,对所有设备开放的业务。

(3) 链路级安全参数

蓝牙技术在应用层和链路层上提供了安全措施。为保证安全,链路层共采用了四种不同的实体。只有建立链路密钥这一概念,所有链路级的安全功能才能得以实现。

(4) 密钥管理

在蓝牙系统用于确保安全传输的几种密钥当中,最为重要的一种密钥就是链路密钥,它主要用于两个蓝牙设备之间的鉴权。为了有效确保数据包的安全,在推算加密密钥时,往往会利用链路密钥,而且每次传输都会重新生成。此外,还有 PN 码用于设备之间互相识别。

(5) 加密算法

在对数据包中的净荷,也就是数据包中的数据部分进行加密时,常常会用到蓝牙系统加密算法,其核心部分是数据流密码机,它包括净荷密钥生成器、密钥流生成器和加、解密模块。

(6) 认证机制

两个设备进行第一次通信时,常常会借助"结对"初始化过程来生成一个共用的链路密钥,"结对"初始化过程要求用户输入16B(或128bit)PIN到两个设备,为了避免遭到非授权用户的攻击,按照规定,一旦认证失败的话,蓝牙设备就会过一段时间之后再重新请求认证,并且随着认证请求次数的增加,推迟时间也会成倍增加,直到达到最大推迟时间。同样的,如果认证成功,推迟时间也会成倍减少,一直减到最小值为止。

(7)蓝牙安全架构

业务的选择性访问可以通过蓝牙安全架构来实现,同时,蓝牙安全架构还允许协议栈中的协议强化其安全策略,此框架明确了用户的操作时间以及下层协议层需要哪些动作来支持所需的安全检查等。

第五章　网络病毒防范技术

当今社会对网络的依赖越来越大，但来自互联网的网络安全问题也日益突显，人们开始重视网络信息安全管理，其中网络病毒防范是网络信息安全管理中的重要内容。本章分为计算机病毒概述、木马攻击与防范以及蠕虫病毒攻击与防范三部分。

第一节　计算机病毒概述

一、计算机病毒的概念

计算机病毒与生物病毒类似，都具有独特的复制能力，都具有传染性和破坏性。计算机病毒是一些人处于某些目的特意编制的具有特殊功能的程序，它们能将自身附着在各种类型的文件、程序上，并隐藏在隐蔽的地方，当用户点击被感染的文件时，病毒就会蔓延开。除复制能力外，某些计算机病毒还有其他一些共同特性：一个被感染的程序是能够传播病毒的载体。当看到病毒似乎仅表现在文字和图像上时，它们可能已毁坏了文件、格式化了硬盘或引发了其他类型的灾害。若病毒并不寄生于一个感染程序，它仍然能通过占据存储空间给用户带来麻烦，并降低计算机的性能。

二、计算机病毒的特点

（一）传播性

计算机病毒的传播性指病毒具有把自身复制到其他程序、中间存储介质或主机的能力。传播性是计算机病毒最重要的特征，病毒程序正是依靠传播性将病毒广泛传播的。计算机病毒具有再生机制，制造者一般通过某种方式让其具有自我复制的能力，让病毒将复制品或变种传播到其他程序体上。从早期的软盘感染到现在的网络传播，计算机病毒的复制能力已得到极大提升。由于计算机网络日益发达，计算机病毒可以在极短的时间内，通过像 Internet 这样的网络进行传播和扩散，完成如强行修改计算机程序和数据等任务。

（二）非授权性

在正常情况下，计算机程序由用户触发运行，再由系统分配资源，执行用户的指令。病毒具有通用特性，而且隐藏在正常的程序或系统中，当用户触发了被感染的程序后，病毒就会获得控制权，先于程序运行。对用户来说，病毒是未经用户允许的，具有非授权性。

（三）隐蔽性

为了避免用户或杀毒软件发现，病毒一般都非常短小精悍，附着在正常程序或磁盘中比较隐蔽的地方，或者实现了自身隐藏。如果不进行代码分析，是不容易区分病毒程序和正常程序的。这种隐蔽性让病毒在用户未察觉的情况下飞速扩散。目前病毒一般只有几十或上百千字节，所以病毒瞬间便可将自身附着到正常程序之中。不过，近年来，一些病毒采用增肥技术，使得自身文件体积变得非常庞大，以避免自身被安全软件上传到云服务器，从而逃避云查杀。

（四）潜伏性

传统的病毒感染程序或系统后不会马上发作，而是长期潜伏在程序或系统中，只有满足其特定的条件时才会启动其表现部分。在潜伏期中，病毒程序只要在可能的条件下就会不断地进行自我复制和繁殖，即使是专业的杀毒软件，也不能保证识别出全部的病毒。病毒想方设法隐藏自身，以免在发作之前被发现。

随着病毒技术的发展以及病毒编写目的的改变，目前很多计算机病毒都以获取经济利益为主要目的，它们进入系统之后便开始对计算机系统进行监控，以获取有价值的信息（如各类账号、口令）。由于没有了传统的可直观感知的破坏表现，且需要尽快榨取目标机器的价值，因此，也就没有了严格的潜伏阶段。

（五）破坏性

大多计算机病毒在发作时都具有不同的破坏性，有的干扰计算机系统的正常工作，有的严重消耗系统资源（如不断地复制自身，消耗内存和硬盘资源等），而严重的则直接修改和删除磁盘数据或文件内容，破坏操作系统正常运行，甚至直接损坏计算机硬件等。病毒程序的表现性或危害性体现了病毒设计者的真正意图。无论何种病毒程序，一旦侵入系统都会对操作系统的运行造成不同程度的危害，这也是病毒制造者的目的。

（六）不可预见性

从病毒检测角度来看，病毒还具有不可预见性。病毒种类众多，其代码也千差万别。即使一些行为是病毒共有的，如开启远程线程、修改注册表启动项等，但病毒的代码也是存在很大差别的。目前大部分反病毒软件都具备一定的未知病毒检测能力，但是由于软件种类繁多，一些正常的程序也使用了与病毒相似的操作，甚至借鉴了病毒的某些技术，这就使得反病毒软件在检测时会产生误报。

总体上看，病毒特征和代码是不可预见的，而且随着病毒编制技术的不断提高，病毒技术针对反病毒软件而言具有超前性，其在个体设计上具备不可预见性。不同种类的病毒，其代码千差万别，但也存在一些共性。因此，有的人利用了病毒的共性，制作了检测病毒的软件。但是由于病毒的更新极快，这些软件也只能在一定程度上保护系统不被已经发现的病毒感染，新的病毒以何种形式传播并危害计算机是无法预见的，从这个意义上来说，病毒对反病毒软件永远是超前的，其在个体设计上具备不可预见性。这种超前性并不代表反病毒人员应当被动地应对病毒，反而更加激励反病毒人员不能掉以轻心。

（七）可触发性

计算机病毒通常具有一定的针对性，其某些功能的运行需要特定的触发条件。触发的实质是对条件的控制，病毒可以根据编制者的要求，在一些特定条件下实施攻击。这些条件可以是特定日期、特定字符、特定文件、特定时刻，也可以是启动特定程序、程序被点击达到一定次数等。

三、计算机病毒的传播途径

（一）通过 Internet 传播

互联网方便快捷，既能降低运作成本，还能提高工作效率。电子邮件、通信软件、网络游戏、浏览网页等都通过互联网来进行，其使用率十分高，是许多计算机病毒的传播途径。

1. 通过电子邮件传播

随着互联网的日益普及，越来越多的商务活动都通过电子邮件传递信息，但病毒也随之将电子邮件作为传播的载体。比较常见的是通过互联网传递Word格式的文档。如果电子邮件中带有病毒，用户的计算机就会感染病毒。对于此类传播途径，用户应该提高安全意识，不轻易打开陌生邮件。

2. 通过浏览网页传播

用户在浏览网页时，可能出现IE标题被修改、自动打开窗口、被迫登录某一网站、被强制安装软件等情况，这就是病毒通过网页传播的体现。应对此类病毒的方式是养成良好的上网习惯，不随便点击那些充满诱导性的网站，保证计算机始终处于安全环境中。

3. 通过下载软件传播

目前，互联网上软件下载网站众多，为了获得更多的经济收益，大部分下载网站开始与各类广告商或者相关厂商进行合作，这使得网站本身已远不如最初单纯。一方面，页面中布满了下载链接，而且具有极大欺骗性，用户很难直接从下载网站中找到自己的目标软件；另一方面，部分下载网站提供的软件经常被捆绑或感染了病毒，这使得其成为病毒传播的一个重要渠道。

4. 通过即时通信软件传播

即时通信软件用户众多，加之其自身存在一定的安全缺陷，导致病毒能够轻易获取传播目标。通过即时通信软件传播的病毒正在被陆续发现，而且有越演越烈的态势。应对此类病毒传播的方式是不随意点击好友发送的可疑文件，首先应确认是否是真的好友所发，地址信息是否可疑等，此类文件通常伪装成诱人的图片或好玩的游戏等。

5. 通过网络游戏传播

许多人通过网络游戏来丰富业余生活，缓解生活压力。对玩家来说，网络游戏中最为重要的就是装备、道具等虚拟物品。这些虚拟物品随着时间的积累，会转化成具有真实价值的东西，也就是虚拟物品可进行现实交易。随着这种虚拟物品交易的发展，出现了偷盗虚拟物品的现象。网络游戏需要通过互联网才能运行，偷盗游戏账号和密码的木马病毒层出不穷。应对此类传播方式，需要加强主机的安全性，为账号设置较为复杂的密码，不在网吧等公共环境上网。

（二）通过局域网传播

局域网由为满足数据共享和相互协作需要的一组计算机组成。组成局域网的计算机直接相互连接，且每一台计算机都能连接到其他计算机上，也能向其他计算机传送数据。网络共享是局域网用户常用的一种数据分享和交互方法。

计算机在被感染病毒之后，病毒将主动扫描局域网中的共享文件夹，对于可写文件夹中的可执行程序，则可以进行感染操作，或者直接将病毒程序写入目标共享文件夹之中，以伺机感染目标系统。防范这类病毒传播的方式是及时为系统安装补丁，关闭不必要的共享和端口。

（三）通过可移动存储设备传播

可移动存储设备主要包括 U 盘、可移动硬盘等，另外手机、数码相机、数码摄像机、平板电脑等现代数码产品在接入电脑时，也可以作为一个可移动存储介质进行处理。目前，可移动存储设备已是主要的病毒传播媒介之一。例如，由于 U 盘有便携性，存储容量较大，用户对 U 盘的使用频率很高。一些感染病毒的计算机文件就以 U 盘为传播介质实现了大范围的传播。用户在公共场所使用可移动存储设备时应该谨慎，以免感染病毒。

（四）通过计算机硬件设备传播

在通过计算机硬件设备传播这一途径中，计算机的硬盘以及专用集成电路芯片（ASIC）是其主要传播媒介。通过 ASIC 传播的病毒较少，但危害性极强，计算机一旦被感染，就会损坏计算机硬件。防范这类病毒传播方式是养成定期使用正版杀毒软件查杀病毒的习惯。

（五）通过漏洞传播

通过系统漏洞传播的病毒，其影响范围较广，而且危害性很强。例如，病毒传播者利用网络进行传播和复制的蠕虫病毒，通过 Windows RPC 漏洞直接感染装有 Windows 系统的主机，这是网络中成片出现主机感染病毒的原因。

越来越多的病毒传播者将传播方式从系统漏洞转向第三方应用程序漏洞，这是因为应用程序提供商所提供的应用程序的安全响应速度低于系统的，加之应用程序用户的安全知识和安全意识不足。例如，微软 Office 家族及 Adobe 的 AcrobatReader 系列等常用的办公软件实现复杂，功能强大，通常每个月都会报出新的漏洞，这些漏洞就可能被病毒传播者利用。

病毒传播者通过网站漏洞将病毒植入到网站中，即进行网页挂马传播病毒，用户一旦访问这些网站，就会被病毒感染。网页挂马一般选取访问量比较大的网站，利用这些网站的影响力以及用户对常用网站的信任权限设置，提高病毒感染的数量。

四、计算机病毒的分类

（一）按寄生方式分类

1. 引导型病毒

引导型病毒主要通过软盘在计算机系统中传播，首先感染引导区，然后蔓延到硬盘。引导型病毒可感染硬盘或软盘的引导扇区，当病毒体积较小时，引导型病毒可存储在磁盘的引导扇区；当病毒体积较大时，其分为两个部分，一部分存储在引导扇区，另一部分存储在保留扇区。

2. 文件型病毒

文件型病毒又称寄生病毒，主要通过计算器存储器感染可执行文件。一旦用户执行被感染的文件后，病毒先于文件运行，伺机感染其他文件。文件型病毒依附在不可执行的文件中是没有意义的，只有运行可执行文件时病毒才能调入内存运行。文件型病毒可以分为以下几类。

① DOS 病毒，感染 DOS 中的可执行文件。
② Windows 病毒，感染 Windows 中的可执行文件。
③ 宏病毒，感染带有宏功能的应用文件中的宏。
④ 脚本病毒，当病毒进入一个存在脚本宿主程序的系统时其会被激活。
⑤ Java 病毒，嵌在用 Java 编程语言编写的应用中。
⑥ Shockwave 病毒，感染 .swf 文件。

3. 混合型病毒

混合型病毒是引导型病毒和文件型病毒的结合，综合了这两类病毒的特征，并以相互促进的方式感染。混合型病毒既能感染引导区，还能感染可执行文件，提高了病毒的感染性。混合型病毒无论以何种方式传播，只要我们点击感染磁盘或文件，就会扩大病毒的传播范围，且病毒难以清除干净。

4. 宏病毒

所谓宏，就是一段类似于批处理命令的多行代码的集合。在 Word 中，可以通过"Alt+F8"查看存在的宏，通过"Alt+F11"调用宏编辑窗口。宏可以记录过程与命令，并将这些过程与命令赋值到组合键或工具栏的按钮上，当按下组合键时，计算机就会重复记录操作。设计宏的初衷是为了简化人们的工作，但是这种自动执行的特性也给宏病毒的发展打开了方便之门。一般来说，宏病毒通过感染 Office 文件或者模板来传播自己。病毒在获得第一次控制权以后，就会将自己写入 Word 模板。以后每次进行 Word 打开、新建等操作时，就会调用病毒代码，并且将病毒代码写到刚才打开或新建的文件中。

（二）按破坏性分类

1. 良性病毒

良性病毒指不直接对计算机系统产生破坏作用的病毒。良性病毒虽然不损坏计算机内的数据，却会造成计算机程序的工作异常。良性病毒在获取系统控制权限后，会与操作系统和应用程序争取 CPU 的控制权，影响系统的运行速度，减少内存容量，使得一些应用程序不能正常运行。

2. 恶性病毒

恶性病毒指病毒在传播或发作过程中对计算机系统产生直接的破坏作用，影响计算机系统的操作。一般情况下，计算机在感染恶性病毒后没有异常的表现。恶性病毒发作后可能会篡改、删除计算机的数据文件，甚至格式化硬盘。

（三）按链接方式分类

1. 源码型病毒

源码型病毒的攻击目标是源程序。在源程序编译之前，病毒编制者将病毒代码植入源程序，源程序编译后，病毒会变成程序的一部分，是以合法身份存在的非法程序。源码型病毒比较少见。

2. 入侵型病毒

入侵型病毒具有很强的针对性，可以用自身代替宿主程序中的堆栈区或模块，只攻击特定的程序。这种病毒的编写也很困难，因为病毒遇见的宿主程序千变万化，病毒在不了解其内部逻辑的情况下，要将宿主程序拦腰截断，插入病毒代码，而且还要保证病毒程序能正常运行。

3. 外壳型病毒

外壳型病毒是将其自身依附在宿主程序的头部或尾部，给宿主程序添加一个外壳，但不修改宿主程序。外壳型病毒十分常见，容易编写，也容易被发现。大部分文件型病毒都属于外壳型病毒。

4. 操作系统型病毒

操作系统型病毒是将自身加入或取代部分操作系统进行工作，这类病毒的破坏性较大，甚至可能造成整个计算机系统瘫痪。具体来说，操作系统型病毒在运行时，会以自身的逻辑部分取代操作系统的合法程序模块，进而破坏操系统。典型的操作系统型病毒包括圆点病毒与大麻病毒。

五、计算机病毒的危害

（一）破坏数据信息

病毒传染和发作时直接破坏计算机系统的数据信息。许多病毒在发作时会通过改写文件、删除重要文件、改写文件目录区、格式化磁盘、破坏CMOS设置等直接破坏计算机的数据信息。

（二）占用磁盘空间

植入磁盘上的病毒会非法占用磁盘空间。引导型病毒是病毒自身占据引导扇区，将原来的引导扇区转移到其他扇区，被覆盖的扇区数据会永久性丢失；文件型病毒利用DOS功能检测磁盘的未用空间，并将传播部分写入未用空间。文件型病毒会感染大量文件，加强文件长度，占用磁盘空间。

（三）抢占系统资源

大多数病毒在活动状态下都是常驻内存的，这就必然会抢占一些系统资源。病毒抢占内存，可能造成一些较大的应用程序无法正常运行。另外，病毒还抢占中断，修改一些中断地址，影响系统的正常运行。网络病毒会占用大量网络资源，导致网络通信十分缓慢。

（四）影响运行速度

病毒进驻内存后，不仅会影响计算机系统的正常运行，还会影响计算机的运行速度。病毒为判断传播条件，需要监视计算机的工作状态。一些病毒为了保护自己，不仅加密磁盘上的静态病毒，还加密内存中的动态病毒。CPU在寻找到病毒位置时需要先进行解码，将病毒解密成合法的CPU指令。病毒运行结束后会用另一段程序重新加密，CPU会额外执行无数条指令。病毒在传播时，需要插入非法的额外操作。

（五）衍生变种病毒

变种病毒是病毒的主要来源之一。一些计算机初学者在尚未具备独立编制程序能力的时候，出于好奇，修改了别人的病毒，导致出现变种病毒。变种病毒中包含着许多错误，这些错误的后果是不可预见的，而且其危害可能大于病毒本身。

（六）影响用户心理

计算机病毒给用户造成严重的心理压力。据有关计算机销售部门统计，用户怀疑"计算机有病毒"而提出咨询约占售后服务工作量的 60% 以上。经检测确实存在病毒的约占 70%，另有 30% 的情况只是用户怀疑有病毒。那么用户怀疑有病毒的理由多半是出现诸如计算机死机、软件运行异常等现象。这些现象确实很有可能是计算机病毒造成的，但又不全是。实际上在计算机工作异常的时候很难要求一位普通用户去准确判断是否是病毒所为。大多数用户对病毒采取宁可信其有的态度，这对于保护计算机安全无疑是十分必要的，然而往往要付出时间、金钱等代价。另外，仅仅因为怀疑有病毒而格式化磁盘所带来的损失更是难以弥补的。

六、计算机病毒发作的症状

①文件内容颠倒。在使用这些文件之前，病毒预先将其内容恢复原样，而使用户觉察不到。这些文件是以被病毒颠倒后的形态存入磁盘的。一旦消除了病毒，由于无法恢复原内容，这些文件将全部报废。

②文件长度莫名其妙地发生了变化。感染文件型病毒的文件会增加长度。病毒会在感染过程中不断复制自身，占用硬盘的储存空间，减少硬盘的容量。一些系统中存在的缓存文件和网页残留信息不是病毒。

③系统中出现模仿系统进程名或服务名的进程或服务。打开"任务管理器"，除了常见的系统进程外，出现一些明显模仿系统进程的进程名字，如病毒经常使用阿拉伯数字"0"来代替字母"o"，如将 svchost.exe 伪装成 svch0st.exe。任务栏中输入 services.msc，可以查看系统中安装的服务。如果出现一些未知名的服务或明显伪装系统服务的服务选项，则系统可能被安装了木马。

④莫名播放音乐或产生图像。这种计算机病毒大多属于良性病毒，会影响用户的显示界面。

⑤扰乱屏幕显示。病毒被激活时，会出现多种扰乱屏幕显示的现象，如显示内容不断抖动、遮挡显示内容等。

⑥硬盘灯不断闪烁。当硬盘有大量持续的操作时，硬盘灯会持续闪烁，如反复读取硬盘扇区、写入或格式化很大的文件等。

⑦破坏键盘输入。病毒激活时，会对键盘的输入进行破坏。常见的现象有每按一次键，扬声器响一声；病毒将键盘封住，使用户无法从键盘输入数据等。

⑧干扰打印机。有的病毒会修改系统数据中有关打印机的参数，使系统对

打印机的控制紊乱,出现虚假报警;有的病毒可使打印机打印输出异常,打印时断时续;有的病毒可替换打印机字符,使打印的内容变形。

⑨病毒破坏宿主程序。病毒对宿主程序的感染采用覆盖重写的方法。被覆盖宿主程序的源代码丢失,主程序被永久性损坏,病毒还能使宿主程序变成碎片。此类病毒是恶性病毒,宿主程序感染病毒后只能被删除。病毒的感染频率越高,其杀伤力越大。

⑩磁盘空间迅速减少,这可能是计算机感染病毒造成的。经常浏览网页、临时文件过多等会让磁盘空间迅速减少。另外一种情况是,内存交换文件会随着应用程序运行的时间和进程的增加而增长,同时,运行的应用程序数量越多,内存交换文件就越大。

⑪文件目录发生混乱。文件目录发生混乱的情况有以下两种。一种是文件目录结构遭到破坏,目录扇区被作为普通扇区,填入无意义的数据。另一种是将目录扇区转入其他扇区中。如果内存中有病毒,就可能将正确的目录扇区读出,并在程序需要访问该目录时提供正确的内容,让表面看起来与正常一样;如果内存中没有病毒,通常的目录访问方式不能访问到原来的目录扇区。

⑫出现花屏。用户在使用显示器的过程中出现花屏时,要及时关掉显示器的电源,重启后进入安全模式并查找原因。

⑬以前能正常运行的应用程序经常发生死机或者非法错误,这是病毒本身存在兼容性方面的问题或是病毒破坏程序的正常功能。

七、计算机病毒的防范

在计算机的日常使用过程中,如何减少和避免计算机病毒的感染和危害?我们可采取以下几种方法来防范计算机病毒,保证计算机安全。

(一)建立良好的安全习惯

为了防止网络病毒入侵计算机,应该建立良好的安全习惯。例如,不点击不了解的网站,特别是那些具有诱惑性的网站更不能轻易点开;不打开来历不明的电子邮件,并尽快删除,即使是熟悉的人发送的邮件,也要有安全意识;不执行从互联网上下载后未经杀毒处理的软件等。

(二)关闭或删除系统中不需要的服务

在默认情况下,许多计算机系统都会安装一些辅助服务,如 Web 服务器、FTP 客户端等。有些用户并不会使用这些服务,因此应及时关闭或删除系统中不需要的服务，以降低病毒入侵的可能性。

（三）经常升级操作系统的安全补丁

相关统计表明，有80%的网络病毒是通过操作系统的安全漏洞传播的。因此，用户应该经常升级操作系统的安全补丁，如定期到微软网站下载最新的安全补丁，降低被攻击的可能性。

（四）使用复杂的密码

许多网络病毒会通过猜测用户的密码入侵系统。如果密码过于简单，病毒攻击的可能性就较高。因此，用户应该设置比较复杂的密码，提高账号的安全性，提升计算机系统的安全系数，不给网络病毒可乘之机。

（五）迅速隔离受感染的计算机

如果用户的计算机已经发现被感染病毒，应该立即中断网络，然后立即采取有效的查杀措施，控制病毒的感染范围，避免计算机受到更严重的感染，或者成为传播源，感染其他计算机。

（六）安装专业的防病毒软件

随着网络信息的不断增多，病毒也日益增多。使用杀毒软件开展预防和查杀病毒工作，是十分简单有效且经济的选择。用户在安装杀毒软件后，应该及时将软件更新到最新版本，以更新病毒库和防杀措施，并定期查杀计算机。用户应开启防病毒监控，实时地保障计算机安全。

（七）及时安装防火墙

防火墙是一种有效的网络安全机制，能够防范网络病毒。用户应该及时安装版本比较新的防火墙，并设置随系统启动一同加载，避免黑客入侵计算机，偷窥盗取计算机数据，或者放置黑客程序。

尽管黑客程序与病毒的种类众多，发展与传播迅速，感染方式多种多样，影响很大，但只要采取有效措施，是能够预防和查杀的。用户在计算机使用过程中应具有安全意识，并采取有效的防杀措施，随时关注计算机的运行情况，一旦发现异常立即采取措施，从而减少网络病毒的攻击。

第二节 木马攻击与防范

一、木马的概念

木马指通过入侵计算机，能够伺机盗取账号密码的恶意程序，它是计算机病毒中的一种特定类型。木马通常会在每次用户启动计算机时自动装载服务端，在 Windows 系统启动时自动加载应用程序。木马会在用户登录账号的过程中记录用户的账号与密码，并将窃取的信息自动发送到黑客预先指定的邮箱中。这会导致用户账号被盗用、财产被转移等。

二、木马的特征

（一）欺骗性

欺骗性是特洛伊木马最显著的一个特点，也是其植入到目标系统之中的重要手段。木马为了避免被用户发现，达到长期隐藏的目的，必须借助操作系统中的已有文件。木马程序通常使用的是比较常见的文件名或扩展名，如 sys、explorer 和 dll 等字样，或者仿制一些不容易被区分的文件名，如将数字"1"与字母"l"混淆，将数字"0"与字母"o"混淆等。还有一些木马为了隐藏自己，会将自身设置成一个 zip 文件或图表，一旦用户打开，木马就会立即运行。木马程序编制者还在不断开发研究欺骗手段，让人防不胜防。

（二）隐蔽性

木马设计者为了使木马不被用户察觉，会尽可能地采用各种隐蔽手段，实现对进程、文件和通信端口，甚至通信内容等实体的隐藏。这样即使木马被发现，也往往因为无法具体定位而较难清除。

木马类软件的被控制端在运行时会使用各种手段隐藏自己，如大家所熟悉的修改注册表和 .ini 文件，以便计算机在下一次启动时仍能载入木马程序。通常情况下，采用简单地按"Alt+Ctrl+Del"组合键是不能看见木马进程的。还有些木马可以自定义通信端口，这样就可以使木马更加隐蔽。木马还可以更改被控制端的图标，用户一不小心就会上当。

（三）非授权性

木马同其他恶意代码一样，是非法进入目标主机系统中的。在进入受害者主机后，会执行一些非授权性的恶意行为。木马程序通过修改系统配置文件或者注册表，使得目标系统启动时就会自动运行木马程序。

（四）交互性

木马最大的特点之一就是具有交互性。无论是信息获取型木马还是远程访问型木马，在受控电脑上执行的服务端程序最后都会与控制者掌握的客户端程序进行通信，回传有用信息或是接收控制命令。传统木马多以 C/S 架构为主，而目前也出现了一部分 B/S 架构的木马程序。

三、木马的分类

（一）远程访问型木马

远程访问型木马的功能主要是远程控制，操作比较简单，远程控制者只需要运行服务端程序，并获得被控制端计算机的 IP 地址，就能任意访问被控制端的计算机。通过远程访问型木马，远程控制者能够在被控制计算机上做任意事情，如截取屏幕等。

（二）密码发送型木马

密码发送型木马的作用是找到目标计算机中所有的隐藏密码，然后在受害者不知情的情况下将密码发送到木马编制者指定的电子邮箱中。大多数密码发送型木马使用 25 端口发送电子邮件。

（三）键盘记录型木马

键盘记录型木马比较简单，其作用是记录受害者对键盘进行的敲击，并且在 LOG 文件里进行完整的记录。键盘记录型木马会随着计算机一同启动，了解每一个用户事件，并通过电子邮件或其他方式发送给控制者。

（四）毁坏型木马

大部分木马只窃取用户信息，不破坏计算机系统。但毁坏型木马的作用却是毁坏并删除文件，它们能够自动删除目标计算机上所有的 .exe、.ini 或者 .dll 文件，甚至格式化用户硬盘。毁坏型木马的影响极大，如果计算机不慎被感染该木马，系统中的信息可能在顷刻间被删除。

（五）FTP 型木马

FTP 所使用的默认端口为 21 端口。FTP 型木马的作用是打开被控制计算机的 21 端口，让控制者用 FTP 客户端程序在不使用密码的情况下连接到被控制计算机上，窃取受害者的信息。

（六）反弹端口型木马

防火墙对输入的链接会进行严格的过滤，但对输出的链接却疏于防范。木马编制者利用这点漏洞，编制出反弹端口型木马。反弹端口型木马的被控制端使用主动端口，控制端使用被动端口。木马定时检测控制端的存在，一发现控制端上线，就马上弹出端口主动连接控制端，打开被动端口。一般控制端的被动端口开在 80 端口处。用户在检查端口时，很容易疏忽这一点，因为浏览网页都会打开 80 端口，用户不注意就会以为在浏览网页。

（七）Dos 攻击木马

Dos 攻击的应用越来越广泛，在 Dos 攻击木马也得到了应用。如果黑客在目标计算机中植入 Dos 攻击木马，那么该木马就会成为黑客 Dos 攻击的得力助手。黑客控制的计算机越多，发动 Dos 攻击成功的概率越大。因此，Dos 攻击木马的危害主要体现在黑客利用其攻击众多计算机，给网络带来巨大伤害上。

四、木马的连接方式

典型的木马通信过程可分为两个阶段：第一阶段，客户端与服务端通过各种手段在网络上搜寻对方，获取对方的连接信息，如 IP 地址、端口号等；第二阶段，双方凭此连接信息建立连接，实现通信功能。

木马客户端和服务端之间建立连接，必须知道对方的连接信息。服务端可以在上线后通过某种方式将其 IP 地址和端口等信息发送给客户端。在信息反馈的方式上，可以设置邮箱地址，服务端将自身 IP 地址发往客户端的邮箱中，也可以将服务端 IP 地址通过免费主页空间告知客户端。同理，客户端也可将自己的连接信息放在免费空间中，然后等待服务端从中获取连接信息。某些木马的服务端不具备通知功能，且客户端事先也不知道服务端的 IP 地址，此时客户端可以使用端口扫描功能获得安装了木马的主机的 IP 地址。

早期木马大多采用客户端直连的方式，即正向连接，由木马客户端主动对木马服务端发起连接。后来由于防火墙技术的出现，会对由外向内的可疑网络连接进行拦截，因此出现了反向连接的木马，即由服务端由内而外向客户端发起连接以突破防火墙的拦截。木马建立连接的主要方式如下。

（一）正向连接

正向连接是传统的木马连接方式。因为木马是采用 C/S 通信模式的，所以其设计的连接模式如下：服务端运行在被感染主机上，打开一个特定的端口等待客户端连接，客户端启动后连接服务端，有效连接后攻击者就可以对目标机器进行操作。

正向连接是最传统的连接方式，为了实现正向连接，服务端必须具有公网 IP 地址，而攻击者（客户端）则无须公网 IP 地址。因为木马服务端中没有攻击者的相关地址信息，所以采用此种连接方式的木马也可以较好地隐藏攻击者，增加对攻击者定位的难度。但由于其采用由外向内的连接，因此其容易被防火墙阻断而导致连接失败。同时，由于服务端的 IP 地址可能会经常变化，服务端的上线时间也并不确定，这些都会给攻击者连接被攻击者带来一定困难。

（二）直接反向连接

反向连接指由木马的服务端程序向客户端程序发起连接，反向连接主要有两种实现形式：一种是客户端与服务端独立完成的，另一种是借助第三方主机中转完成的。

反向连接技术是为了突破防火墙而发展起来的。防火墙具有这样一种特点：对于输入的链接往往会进行严格的过滤，但是对于输出的链接则疏于防范，不管什么防火墙都不能禁止从内网向外网发出连接，否则内网将无法访问外网。因此采用由内向外的反向连接技术是规避防火墙过滤的有效手段。

采用反向连接的木马可以有效地突破防火墙从而建立连接，但这样一来，在木马的服务端中便会存有木马客户端的连接信息。因此一旦木马样本被捕获，客户端的地址信息也随之暴露，我们可以较容易地追查到攻击的实施者。另外，在这种连接模式下，木马客户端也必须拥有外部 IP 地址以供被控端发起连接。

采用反向连接的木马除了可以较好地突破防火墙外，还可以第一时间获取服务端的上线信息，随时了解被控主机的上线状况，随时对被控主机进行相关操作，具有较好的实时性，同时也可以控制局域网内部的目标主机。

（三）通过第三方主机的反向连接

攻击者为了隐藏自己，并且获得较好的连接成功率，可以采用另一种反向连接形式：两个主机间不直接进行通信，而是通过第三方的主机来进行中转。这种第三方主机通常称为"肉鸡"，也就是被黑客植入远程控制木马，已被完全取得控制权的主机。

使用"肉鸡"的好处在于不但可以更容易地绕过防火墙，服务端也可以自动连接客户端，还可以较好地保护攻击者真实的主机地址信息。但带来的缺点就是必须拥有稳定的"肉鸡"，这里的稳定性包括"肉鸡"主机能被长期植入木马的稳定性，"肉鸡"主机本身系统的稳定性，以及"肉鸡"主机上线时间的稳定性。

对于反向连接来说，并不总是需要这么强大功能的"肉鸡"，有时只要求其具有连接代理的功能就可以了，甚至更简单地拥有一个共同的第三方存储空间即可，双方都可以向第三方空间发送和下载数据。例如，通常可以使用一个公开的 HTTP 空间作为第三方存储空间。这种反向连接方式不需要客户端主机具有公有 IP 地址，因此更加灵活。

五、木马的检查与清除

与病毒程序不同，木马程序一般不像病毒程序那样感染文件。木马程序具有较强的隐蔽性、攻击性以及突发性，它的主要作用是寻找后门，窃取机密文件和密码，还对计算机进行查看、控制、监视、修改资料等工作。由于木马程序具有较强的隐蔽性，用户往往是在丢失文件或密码被盗后才知道中了木马。可见，掌握木马程序的检查与清除非常重要。

（一）木马检查

根据木马程序的特点，要想彻底检查计算机是否中了木马，必须利用多种方法进行检查，主要有查看开放端口、系统配置文件、启动程序、系统进程，以及使用木马检测软件等。

1. 查看开放端口

一般情况下，木马程序是基于 TCP/UDP 协议使控制端和被控制端之间进行通信的。因此，用户可以通过查看本机上的开放端口，检查是否存在可疑程序打开了可疑端口。如果检查到可疑程序正在利用可疑端口进行连接，就有可能是中了木马。

2. 查看系统配置文件

用户可以通过查看 system.ini、win.ini 等系统配置文件来检查是否存在木马。如果系统配置文件被修改，就有可能中了木马。例如，一些木马通过修改 system.ini 中的 boot 节，实现木马加载。

3. 查看启动程序

如果木马的自动加载程序是直接在 Windows 菜单上自定义添加的，那么通常都会放在【开始】→【程序】→【启动】里面，通过这种方式使文件自动加载时，一般都会将其存放在注册表中的特定位置上。通过检查注册表中的特点位置，可以检测出是否中了木马。

4. 查看系统进程

虽然木马具有很强的欺骗性和隐蔽性，但木马是一个应用程序，需要进程来执行。因此，可以通过查看系统进程来检查是否存在木马。进入"任务管理器"界面，就能看到系统正在运行的全部进程。但是查看系统进程，需要用户十分熟悉计算机系统，了解系统运行进程。

5. 使用木马检测软件

用户除了使用手动检测木马程序的方法外，还能够通过各种杀毒软件、防火墙软件以及各种木马查杀工具等来检测计算机系统中是否存在木马程序。常用的木马查杀工具有木马专家、木马克星和木马清除大师等。

（二）木马清除

检测到计算机中了木马后，就需要依据木马程序的特征来清除木马。例如，查看是否存在可疑的启动程序，是否存在可疑进程，是否修改系统配置文件等。如果存在可疑情况，就需要根据特定方法清除木马。

1. 删除可疑的启动程序

查看系统启动程序中是否存在可疑程序，如果存在可疑程序，则判断是否中了木马。如果中了木马，需要检查出木马文件，并立即删除文件。除了删除木马文件外，还要删除木马的自动启动程序。

2. 恢复系统配置文件的原始配置

一些木马程序会修改 system.ini 和 win.ini 的系统配置文件，以便在系统启动时运行和加载木马程序。我们应该将被修改的字段以及被感染的文件删除，恢复系统配置文件的原始配置。

3. 停止可疑的系统进程

木马程序在运行时，会在系统进程中留下痕迹。用户通过查看系统进程可以发现运行的木马程序。对木马进行清除，首先应停止木马程序的系统进程，然后进行下一步操作，即修改注册表和清除木马文件。

4.使用杀毒软件和木马查杀工具

杀毒软件和木马查杀工具不仅能够检查出木马程序,还能够用于清除木马程序。常用的杀毒软件有瑞星、诺顿等。这些杀毒软件对木马的查杀十分有效,但用户同时要注意更新病毒库。常用的专业木马查杀工具有木马终结者、木马清除专家等。如果对木马查杀不彻底,系统在重新启动时还会自动加载。

六、木马的防范

随着互联网的飞速发展,以及软件和硬件的高速发展,网络信息安全显得越来越重要。网络中十分流行的木马程序,传播速度比较快,影响比较严重。因此,不能疏忽对木马程序的防范。我们不仅要及时检测和清除木马程序,更要对木马程序进行预防,做到防患于未然。

①不轻易打开来历不明的电子邮件。许多木马程序都是利用电子邮件来传播的,当用户收到来历不明的电子邮件时,不能随意打开,并应该立即删除,同时加强电子邮件监控,拒绝垃圾邮件。

②不随意下载来历不明的软件。用户在下载软件时,应该到比较知名的网站上下载,最好到官方网站上下载,不要下载和运行一些来历不明的软件。在软件安装前,应该用杀毒软件查看是否存在病毒。

③及时关闭可疑端口与修补漏洞。通常情况下,木马程序都是在系统上打开端口并留下后门,以便上传木马文件和执行代码,因此查杀木马时不仅要修补漏洞,还要及时关闭可疑端口。

④避免使用共享文件夹。如果用户不得不使用共享文件夹,则必须设置账号和密码保护。需要注意的是,用户千万不要将系统目录设置成共享文件夹,应该关闭系统默认的共享目录。

⑤运行实时监控程序。用户在使用网络时,最好运行防火墙和反木马实时监控程序,并定期检查系统。

⑥经常升级系统,及时更新病毒库。用户应该关注厂商网站的安全公告,并在第一时间下载补丁。

第三节　蠕虫病毒攻击与防范

一、蠕虫病毒的概念

蠕虫病毒是一种通过网络传播的恶意病毒，其本身不具有太多破坏特性，危害以消耗系统带宽、内存、CPU 为主。这类病毒最大的破坏之处不是对终端用户造成的麻烦，而是对网络的中间设备的无谓耗用。

蠕虫病毒通常由两部分组成：主程序和引导程序。主程序的主要功能是搜索和扫描，这个程序能够读取系统的公共配置文件，获得与本机联网的客户端信息，检测到网络中的哪台机器没有被占用，从而通过系统的漏洞，将引导程序建立到远程计算机上。引导程序实际上是蠕虫病毒主程序（或一个程序段）自身的一个副本，而主程序和引导程序都有自动重新定位的能力。也就是说，这些程序或程序段都能够把自身的副本重新定位在另一台机器上，这就是蠕虫病毒之所以能够大面积爆发，并且带来严重后果的主要原因。

二、蠕虫病毒的特点

蠕虫利用漏洞进行自主传播，因此其具有传播速度快、爆发性强的特点，可以在短时间内感染大量系统。可以将网络蠕虫的感染阶段分为慢启动期、快速传播期、慢结束期以及衰亡期。

①在蠕虫传播的初始阶段，由于被感染主机较少，被感染主机数量增长较慢，此阶段为慢启动期。

②在感染一定数量主机后，由于其增长基数大，被感染主机数量会呈指数级增长，蠕虫感染进入快速传播期。在此阶段蠕虫增长最快，往往呈现爆发性增长，对网络造成的危害最大，也是蠕虫传播阶段中最重要的一个时期。

③之后随着网络上大部分带有漏洞的主机被感染，网络上可被感染的主机数减少，以及大量蠕虫对网络性能的破坏，会进入慢结束期，感染速度减缓，被感染主机数量渐趋平稳。

④到最后，一旦针对蠕虫的清除工具被开发或针对相关漏洞的补丁发布，蠕虫继续传播的条件不复存在，蠕虫传播会进入衰亡期，被感染主机数量会逐渐减少，直至所有主机上的蠕虫被清除。

三、蠕虫病毒的行为特征

（一）主动攻击

从本质上来看，蠕虫病毒已经演变成黑客入侵的自动化工具。当蠕虫病毒被释放后，从搜索漏洞，到根据搜索结果攻击计算机系统，再到复制副本，整个流程都是蠕虫病毒主动完成的。

（二）行踪隐蔽

蠕虫病毒的行踪比较隐蔽，在传播过程中，并不像其他病毒那样需要用户的辅助性工作，如执行程序、阅读邮件、打开文件、浏览网页等。因此，用户很难察觉到蠕虫病毒在传播。

（三）利用漏洞

计算机系统的漏洞是蠕虫病毒传播的前提条件。蠕虫病毒通过利用这些漏洞，获得被攻击计算机系统的相关权限，完成传播和复制工作。这些漏洞可能是系统本身的问题，可能是应用程序服务漏洞的问题，还可能是网络管理人员的配置问题。

四、蠕虫病毒的危害

（一）造成网络拥塞

蠕虫病毒传播的第一步是找到网络上其他存在漏洞的计算机系统，这需要进行大面积搜索。搜索过程：①判断是否存在其他计算机；②判断是否存在特定应用服务；③判断是否存在漏洞。这一过程会产生附加的网络数据流量，造成网络拥塞。即使是不影响系统正常工作的蠕虫病毒，也会因为其产生的巨大的网络数据流量，而导致整个网络瘫痪，造成经济损失。

（二）降低系统性能

蠕虫病毒入侵到计算机系统后，会在被感染的计算机上复制自己的多个副本，每个副本都启动搜索模块，自动搜寻新的攻击目标。大量的进程或线程会耗费系统的资源，导致系统性能下降。

（三）产生安全隐患

大部分蠕虫病毒在传染过程中会搜集、扩散以及暴露计算机系统中的敏感信息，如用户信息等，并且在计算机系统中留下后门。这些都会产生安全隐患，为病毒传播提供有利条件。

（四）反复性和破坏性

①反复性。即使用户清除了系统中的蠕虫程序，但没有修复系统漏洞，系统可能会被重新感染。

②破坏性。蠕虫病毒中可能包含许多恶意代码，会给被攻击的计算机系统带来经济损失。

上面的描述主要针对蠕虫个体的行为活动，当网络中的多台计算机被感染蠕虫病毒后，将形成具有独特行为特征的"蠕虫网络"，这会给计算机系统和网络造成更严重的影响。

五、蠕虫病毒的防范

（一）主机蠕虫病毒的防范

主机蠕虫病毒主要是感染个人计算机，其被感染的原因是个人安全意识的淡薄。对这种用户威胁最大的网络蠕虫病毒采取的传播方式一般为电子邮件及恶意网页等，而蠕虫病毒是采用社会工程学对个人计算机进行攻击的。针对这种病毒的防范需要注意以下几点。

1. 选择合适的杀毒软件

随着蠕虫病毒的不断发展，传统杀毒软件的文件级实时监控已经落伍，杀毒软件应该向内存实时监控和邮件实时监控发展。另外，面对繁多的网页病毒，杀毒软件也应该提高自身水平。如今许多杀毒软件整合了防火墙功能，对蠕虫病毒有防范和查杀作用。用户应该选择合适的杀毒软件，保护主机安全。

2. 经常升级病毒库

杀毒软件查杀病毒以病毒的特征码为依据。在网络时代，蠕虫病毒层出不穷，传播速度快，变种多。因此，用户应该经常升级病毒库，以便杀毒软件及时检查并清除新型蠕虫病毒。

3. 提高防杀毒意识

用户要提高安全意识，不要轻易点开陌生的网站链接，其中可能包含恶意代码。用户在运行 IE 浏览器时，可以将 IE 浏览器的安全级别设定为"高"级。因为，网页中包含恶意代码的主要是 Active X 等网页文件。因此，将 IE 浏览器的安全级别设定为高级后，就能禁止 Active X 插件和控件等的运行，降低计算机被网页恶意代码感染的概率。具体操作步骤如下。

①在窗口中单击【工具】→【Internet 选项】，在弹出的【Internet 选项】对话框中选择【安全】选项卡。

②单击【自定义级别】，弹出【安全设置-Internet 区域】对话框。所有 Active X 插件和控件以及与 Java 相关的选项全部设置为"禁用"。但是这样会导致一些正常应用 Active X 的网站无法浏览。

4. 不随意查看陌生邮件

用户不要随意打开陌生邮件，特别是带有附件的邮件，其中可能隐藏着危险。因为一些蠕虫病毒能够通过邮件传播，利用 IE 和 Outlook 等程序的漏洞自动执行附件。因此，用户还需要升级 IE 和 Outlook 等相关程序。

（二）网络蠕虫病毒的防范

网络蠕虫病毒主要是利用系统漏洞来实现主动攻击的目的的。目前企业网络主要用于企业业务系统、办公自动化系统以及 Internet 应用等领域。网络信息交换便捷，蠕虫病毒能够充分利用网络传播迅速的特点，达到其拥塞网络的目的。企业在利用网络进行业务处理时，应该考虑病毒防范问题。

企业在预防和查杀蠕虫病毒时应该考虑以下几方面问题：①病毒的检测能力；②病毒查杀能力；③对新病毒的反应能力。企业防治病毒最重要的是管理和策略。企业防范蠕虫病毒的策略主要包括以下几种。

①提高网络管理员的安全管理意识与安全管理水平。由于蠕虫病毒利用漏洞进行攻击，因此网络管理员需要实时保持计算机系统和应用程序的安全性，保持计算机系统和应用程序的更新，不出现安全配置问题。如果出现漏洞，计算机系统就会陷入危险，蠕虫病毒就可能入侵。对企业用户来说，其可能遭到攻击的危险性也就越高。因此，要加强企业的安全管理水平。

②建立病毒检测系统。为了实时检测企业网络中是否存在网络异常与蠕虫病毒攻击，企业需要在内部网络中建立病毒检测系统，以便在第一时间发现网络所面临的安全隐患，及时采取措施应对。

③建立应急响应系统，降低病毒带来的危害。由于蠕虫病毒具有突发性，用户可能在发现蠕虫病毒时，其已经蔓延到了整个网络。因此，应该建立应急响应系统，以在第一时间提供解决方案。

④建立灾难备份系统。企业应该采取定期备份、多机备份数据库和数据系统的措施，避免数据完全丢失。

第六章　计算机软件安全技术

随着计算机应用的不断普及，计算机软件得到了迅猛的发展，在计算机系统中已经占据了重要的地位。软件开发者需要对软件进行保护，防止他人非法使用。在软件使用过程中，用户也应该注重软件安全，防止非授权用户对软件的非法阅读和修改。本章分为计算机软件安全技术概述、软件防拷贝技术、防静态分析技术、防动态跟踪技术、软件保护与工具五部分。

第一节　计算机软件安全技术概述

一、软件安全的概念

软件安全指运用工程化的方法让软件在受到敌对攻击的情况下仍然能正常工作，即运用规范化、系统化和数量化的方法来构建安全的软件。

软件安全是一个相对较新的领域，直到2001年才出现了软件安全方面的著作以及学术课程，这说明此时开发人员、软件架构师、计算机科学家们才开始系统地考虑如何构建安全的软件。从风险分析角度来看，软件安全是关于如何理解并处理软件引发的安全风险的学科。

软件安全领域专家加里·麦格劳认为，软件安全是保持软件在受到攻击的情况下仍然能正确运行的工程化软件思想。解决软件安全问题的根本方法是改善开发软件的方式，建造健壮的软件，让软件在受到恶意攻击的情形下仍能够正确运行。

二、软件安全涉及的范围

软件安全涉及的范围主要分为以下几个方面，下面进行详细说明。

①软件本身的安全保密。软件本身的安全保密也就是保证软件完整，即保

证操作系统软件、网络软件、数据库管理软件、应用软件及相关资料等的完整,包括软件安全开发、软件安全测试、软件修复、口令加密等。

②数据的安全保密。数据的安全保密即确保系统拥有及产生的数据信息有效、完整和合法,不被泄露或破坏等,包括数据恢复、数据备份、数据输入、数据输出等。

③系统运行的安全保密。系统运行的许多问题都涉及软件,如系统资源与信息使用,包括出入控制、机房管理等。

(一)软件的安全开发

软件的安全开发并不仅仅是安全开发代码的问题,而是与包括设计、编码、测试以及文档撰写在内的各方面都相互关联的。要构建安全的软件,软件开发过程中的各个方面都非常重要,并且需要采用一套严格的流程来将这些方面结合为一体。

1. 安全教育

教育可以使安全成为一项被优先考虑的事,通过安全教育提高安全意识是创建安全系统最重要的部分。在安全教育中有以下几点是必须注意的。

①安全教育不仅仅是要让员工理解安全相关的知识和技能,更重要的是使他们学会使用这些安全知识,实现一种安全的设计。

②安全教育应该是一个持续的培训过程。由于新的安全威胁种类不断出现,加之安全领域的更新变化很快,一些未知的攻击就可能使软件用户的利益受损,所以,无论新老员工都应该参加安全培训,并使其养成经常关注安全、跟踪安全事件以及了解业内动态的习惯。

软件开发人员可采取两种选择方式:第一,选择既有的工程人员;第二,招聘新的工程人员。对于已有的工程人员,软件开发组织应对其进行适当教育。根据组织的规模不同,可采取不同的教育方式。小型组织可能需要借助外部培训,需要确定员工的安全意识、安全思维方式以及安全技术是否满足软件开发需求。大型组织可建立内部计划,对员工进行在职安全培训。

软件开发人员不仅要懂得安全特性,还要知道如何让普通的特性变得安全,能发现并修复代码中的安全隐患,能用安全的思维来思考,甚至能把自己模拟成攻击者,对自己团队开发的代码进行攻击。

2. 设计阶段

在软件开发过程中,需要在设计阶段就引入安全的概念。设计阶段、开发阶段和测试阶段，修复漏洞所需要的开销是逐级递增的。有些功能如果正确地进行了设计，那么一方面可以大幅减少安全问题的出现，另一方面即使出现安全问题，也可以较为容易地定位问题，并修复存在的缺陷，这将大幅减少软件的维护成本。因此，要尽可能早地确定安全目标，并进行正确的设计。设计阶段应该确定软件的总体需求和结构。从安全性的角度来看，设计阶段应注意以下几方面的内容。

（1）定义安全体系结构

从安全性角度定义软件的总体结构，并确定对安全性起决定作用的组件；确定将在软件中全面应用的设计技巧，如分层、使用强类型语言、应用最低权限和最小化攻击面（分层指将软件组织成精心定义的组件，以避免组件之间出现循环依赖关系，将组件组织分层，高级层可以依赖低级层的服务，且禁止低级层依赖高级层的服务）；体系结构中各要素的特点将在各自的设计规范中详细说明，而安全体系结构只是确定安全设计的总体构想。

（2）记录攻击面的要素

由于软件不可能绝对地安全，所以必须重视的是：默认情况下应将大多数用户需要使用的功能对所有用户开放，且使用尽可能低的权限安装那些功能。对攻击面要素进行度量，可为产品小组提供默认安全性的现行度量标准，使产品小组可以检测到软件易受攻击的情况。尽管有些攻击面的增加可能是增加了产品功能或可用性导致的，但是在设计和实施过程中还是需要对每种这样的情况进行认真检测和研究，以确保软件交付时在默认配置下具有最好的安全性。

（3）进行威胁建模

安全的设计源于威胁建模，威胁模型有助于在设计阶段提供结构化的方法，形成设计规范的基础。没有威胁模型，就不可能创建安全的系统，因为要保护系统，就必须知道系统所面临的威胁。产品小组需要逐个组件地进行威胁建模。组件小组使用结构化的方法，确定软件必须管理的模块以及访问那些模块时所使用的接口。

威胁建模过程确定可能对每个模块造成损害的威胁以及导致损害的可能性（风险评估）。之后组件小组确定降低风险的对策，通过安全功能（如加密）或通过正确使用可以保护模块使其免受损害。这样，威胁建模可以帮助产品小组确定安全性需求、需要特别仔细审核的代码和进行安全测试的领域。应使用工具来支持威胁建模过程，这种工具应可以处理机器可读格式的威胁模型，并可以对其进行存储和更新。威胁建模的过程如下。

①成立威胁建模小组。

②分解应用程序。

③确定系统所面临的威胁。

④以风险递减的顺序对威胁进行排序。

⑤选择应付威胁的方法。

⑥选择缓和威胁的技术。

⑦从确定下来的技术中选择合适的方法。

当然，这个过程可能需要重复多次，因为无法一次就预料到所有的威胁，而且由于时间的推移，需求、攻击技术和安全技术都在发展变化，有很多新的问题需要重新考虑。

（4）定义交付标准

应定义组织的基本安全交付标准，各个产品小组或软件版本也需要设立安全交付标准，发布软件前，软件必须符合特定的标准。例如，正在开发一个准备交付用户使用并可能面临高强度攻击的软件更新版本的产品小组，可以建立这样的标准：在一段时间内，外部没有发现新版本漏洞时才认为它已做好发布的准备，也就是说，开发过程应在漏洞被报告之前找到并消除这些漏洞，而不是产品小组在接到报告之后不得不"修复"这些漏洞。

（5）定义产品的安全需求

在设计阶段最重要的事情就是明确需求。对于安全需求也一样，不同用户的安全需求可能不同。为银行系统开发应用软件可能更注重精准性和保密性，而为普通用户开发应用软件就可能更注重方便性。设计者不可能提前知道将来所有的威胁，因此可以通过遵循某些好的做法，以减少软件或系统的攻击面，减少漏洞数量。通过定义产品的用户和安全目标，一方面可以避免产品没有意义、漫无目的的膨胀，另一方面可以减少攻击面，使产品更加安全。安全系统开发的一个基本原则就是需要"自下而上"地考虑安全问题。尽管很多开发项目开发出的"后续版本"是建立在先前发布的版本基础上的，但是新版本的需求阶段和初始规划仍然为构建安全软件提供了一个机会。

在需求阶段中，产品小组可请求公司指派安全顾问，该安全顾问在进行规划时充当联络员，并提供资源和指导。产品小组应考虑如何在开发流程中集成安全性，找出具有决定性的安全性对象，以及在提升软件安全性的同时尽量减少对计划和日程的影响。产品小组关于安全目标、挑战和计划的整体构想必须反映到需求阶段中制作的规划文档中。虽然计划可能会随着项目的进行而变化，但是较早地明确制订这些计划，将有助于确保不会忽视任何需求或不会直到最后一刻才发现它们。

每个产品小组都应将安全性要求视为此阶段的重要组成部分。尽管有些安全性要求将在威胁建模过程中确定，但是用户需求可能包括一些安全性要求，行业标准或认证过程（如通用标准）也可能提出一些安全性要求。作为正常规划流程的一部分，产品小组应认识并反映这些要求。在确定系统安全需求时，应当考虑到系统使用者、系统环境、通信环境、使用场景、待保护资产等多个方面的因素。

（6）设置漏洞门槛

不是所有的漏洞都必须及时修复。在理想情况下，所有问题，包括安全问题都要在产品发行给用户之前进行修复。然而，现实情况下却不然。安全是设计和开发应用程序的折中的一部分。在产品发行之前，确定哪些漏洞要修复，哪些不用修复的时候，必须注重实效和实用。一个公司永远不可能发行一个完全没有漏洞的产品，如果真的存在这样的产品，其在开发阶段所耗费的时间和金钱足以使它变得过时、无用。在产品发行前，必须修复具有重大缺陷的漏洞，如果在时间和开销不允许的情况下，那么一个威胁性很小的漏洞则可以保留到下一版本再来修复，但是必须提醒用户这个威胁的存在。

3. 开发阶段

开发阶段主要包括编写和调试代码，要保证开发人员编写出最高质量的代码，在这个过程需要注意以下几方面内容。

①查看与审查代码需求特权约束，对需求中的安全性进行同级审查。

②定义和推广一套最小的安全的编码准则，通过该准则，让软件开发人员知道应当如何处理缓冲区，如何对待不可靠的数据，如何加密数据等。编码准则可以帮助开发者避免引入导致安全漏洞的缺陷。

③审查以往犯过的错误，在新的开发过程中不能再重蹈覆辙，要明确为什么会发生这种错误以及怎样防止该类错误再次发生。

④外部安全审查，确保代码经过多角度、多层次验证。

（二）软件的安全测试

1. 软件安全测试的概念

安全测试是用来验证集成在软件内的保护机制是否能够在实际中保护系统免受非法入侵。安全测试是一项迫切需要进行的测试，测试人员需要像攻击者一样攻击软件系统，找到软件系统包含的安全漏洞。无论是由于设计导致还是由于实现导致的安全漏洞，其对用户的最终影响都是巨大的。

安全测试是有关验证应用程序的安全等级和识别潜在安全性缺陷的过程。应用程序安全测试的主要目的是查找软件自身设计中存在的安全隐患，并检查应用程序对非法侵入的防范能力，安全指标不同测试策略也不同。安全测试并不能证明应用程序是安全的，它用于验证所设立策略的有效性，这些策略是基于威胁分析阶段所做的假设而选择的。例如，测试应用软件在防止非授权的内部或外部用户的访问或故意破坏等情况时的运作。

一般来说，对安全性要求不高的软件，其安全测试可以混在单元测试、集成测试、系统测试里一起做。但对安全性有较高要求的软件，则必须做专门的安全测试，以便识别软件的安全问题。

2. 软件安全测试的方法

（1）静态的代码安全测试

静态的代码安全测试主要是对源代码进行安全扫描，根据程序中的数据流和控制流等信息，与其软件安全规则库进行匹配，从中找出潜在的安全漏洞。静态的代码安全测试可以在编码阶段找出所有可能存在安全风险的代码，以便开发人员在早期解决潜在的安全问题。

（2）动态的渗透测试

动态的渗透测试是使用自动化工具模拟攻击者的输入，对应用系统进行攻击性测试，从中找出系统运行时存在的安全漏洞。动态的渗透测试真实有效，找出的安全漏洞一般都是正确的，而且是比较严重的。

（3）程序数据扫描

一个安全需求较高的软件，在运行过程中数据不能遭到破坏，否则就可能受到缓冲区溢出类型的攻击。程序数据扫描的手段是内存测试，能够发现缓冲区溢出等方面的漏洞。

（三）软件的数据安全

1. 数据备份

数据备份是为了避免系统出现操作失误或系统故障造成数据丢失，将系统中的全部或部分数据从系统硬盘或阵列中复制到其他存储介质上的过程，能在计算机以外的地方另行保管。当计算机受到数据威胁或发生故障时，能够从备份的存储介质上恢复正确的数据。

对于系统恢复来说，数据备份是必不可少的操作步骤，因为任何系统的恢复都是建立在备份基础上的，没有数据，系统的恢复就是天方夜谭。数据备份与恢复系统将计算机系统中的数据进行备份和脱机保存后，当系统中的数据因任何原因丢失、混乱或出错时，即可将原备份的数据从备份介质中恢复回系统，使系统重新工作。数据备份与恢复是数据保护措施中最直接、最有效和最经济的方案，数据备份与恢复系统是任何计算机信息系统不可缺少的一部分。数据备份的方法包括以下几种。

（1）完全备份

完全备份是当今较为流行的备份方式之一，其操作方法就是直接将计算机或系统中的文件全部拷贝出来，具有简单、方便、安全的特点。为系统进行完全备份，就好像为系统上了一层安全保险，即使系统的数据突然丢失，只需要找到前一天的完全备份就能很快将数据恢复，甚至是一次性完成。

完全备份虽然能够保障数据的完整性，但是它需要用户每天都花费一定的精力对系统进行备份，并且在备份过程中，备份的内容也会产生重复，不仅花费了大量的时间，还浪费了大量的磁盘空间，最后导致用户成本的增加。因此，完全备份不适用于那些业务繁忙、备份时间有限的用户。

（2）增量备份

由于完全备份需要消耗的时间、资源、精力都很多，由此就产生了一种相对简化的备份方式——增量备份。增量备份指备份时不会备份所有的数据内容，只对新增加或修改的内容进行备份，也就是说备份的主要内容是更新过的数据。有了增量备份，备份的效率有了很大程度上的提高，不仅减少了备份介质储存空间的浪费，还减少了备份人员时间和精力上的浪费。增量备份虽然对数据备份的时间和空间有了较大的改善，但是它在数据恢复过程中也存在着不足，就是不能一次性地完成整体的恢复。

（3）差别备份

差别备份与增量备份非常相似，都是在完全备份的基础上对新增加或修改的数据进行备份，但是二者不同的是，差别备份是将前一次完全备份后更新的数据进行再次备份，也就是说如果在星期日进行了一次完全备份，差别备份会在剩余六天的每一天中，备份与完全备份不同的数据。差别备份可节省备份时间和存储介质空间：只需两盘磁带（星期日备份磁带和故障发生前一天的备份磁带）即可恢复数据。差别备份兼具了完全备份发生数据丢失时恢复数据较方便和增量备份节省存储介质空间及备份时间的优点。

（4）按需备份

除了以上的备份方式，还存在一种灵活性较高的备份方式——按需备份。按需备份并不对所有的数据都进行备份，它只备份需要的数据，如计算机系统中缺少了几份文件或重要的数据,但是大部分的数据都存在,这时采取按需备份的方式对计算机系统中需要的信息进行相应的备份,就可以达到实际的需求目标。按需备份的方式在实际中经常遇到,它可弥补冗余管理或长期转储的日常备份的不足。

2. 数据恢复

数据恢复与数据备份是完全相反的内容。数据恢复是将数据备份从存储介质上再恢复到计算机系统中。在数据安全中,数据恢复具有十分重要的地位,它关系到系统在灾难后是否能恢复运行。一般来说,数据恢复操作比数据备份操作更容易出问题。数据备份只是将信息从磁盘复制出来,而数据恢复则要在目标系统上创建文件。在创建文件时会出现许多差错,如超过容量限制和文件覆盖错误等。数据备份操作无须知道太多的系统信息,只需复制指定信息即可;而数据恢复操作则需要知道哪些文件需要恢复,哪些文件不需要恢复等。数据恢复操作通常可分为三类:全盘恢复、个别文件恢复和重定向恢复。

3. 数据完整性

确定数据完成性的目的是保证数据库系统中的数据处于完整状态。如果数据完整性丧失,就意味着发生了数据丢失或被篡改的事件。软件故障是威胁数据完整性的一个重要因素。常见的软件故障有软件错误、文件损坏、数据交换错误、容量错误和操作系统错误等。

软件具有安全漏洞是一个常见的问题。有的软件出错时,会对用户数据造成损坏,最可怕的事情是以超级用户权限运行的程序发生错误时,它可以把整个硬盘从根区开始删除。应用程序之间交换数据是常有的事,当文件转换过程生成的新文件不具有正确的格式时,数据的完整性将受到威胁。

软件运行不正常的另一个原因在于资源容量达到极限。如果磁盘根区被占满,将使操作系统运行不正常,引起应用程序出错,从而导致数据丢失。

操作系统普遍存在漏洞,这是众所周知的。此外,系统的应用程序接口(API)被开发商用来为最终用户提供服务,如果这些API工作不正常,就会破坏数据。保证数据完整性的方法如下。

(1)数据完整性措施

最常用的保证数据完整性的措施是容错技术。常用的恢复数据完整性和防止数据丢失的容错技术有备份和镜像、归档和分级存储管理、转储、奇偶检验和突发事件的恢复计划等。在现代科技中,容错技术可以有效解决破坏数据完整性的问题,它基于数据库的正常系统,通过软件或硬件的冗余来减小故障,从而使数据库系统自动回复或能够安全停机。也就是说，容错是以牺牲软、硬件成本为代价，达到保证系统的可靠性，如双机热备份系统。目前容错技术将向以下方向发展：应用芯片技术容错；软件可靠性技术；高性能、高可靠性的分布式容错系统；综合性容错方法的研究等。

（2）容错系统的实现方法

①空闲备件。空闲备件指在系统中配置的一个处于空闲状态的备用部件。当原部件出现故障后，备用部件就代替原部件工作。例如，将一个旧的低速打印机连接在系统上，但只在当前使用的打印机出现故障时再使用该打印机，即该打印机就是系统打印机的一个空闲备件。空闲备件在原部件发生故障时起作用，但与原部件不一定相同。

②负载平衡。负载平衡就是将负载分摊到多个处理器中，使其达到平衡的状态。一般来说，负载平衡是将一项任务分为两个部件来承担，这样就算其中的一个部件出现了问题，另一个部件也能承担全部的任务。这种方法常见于双电源的服务器系统中，以应对电源故障等突发问题。

③冗余系统配件。冗余系统配件指在系统中增加一些冗余配件，以增强系统故障的容错性。通常增加的冗余系统配件有电源、I/O 设备和通道、主处理器等。

④冗余存储系统。最常用的冗余存储系统有磁盘镜像、磁盘双工和磁盘冗余阵列等。

磁盘镜像。磁盘镜像支持在主机的一个硬盘通道上连接两块硬盘，一个为原盘，另一个为镜像盘。当主机写原盘时，同时也写了镜像盘，并对两个盘表面进行写后读验证。如果工作中原盘出现故障，镜像盘则自动承担原盘工作，数据不会丢失，系统也不会中止工作。

磁盘双工。磁盘镜像是用一个通道连接两个硬盘，而磁盘双工是由两个通道带两个硬盘。这样，当一个硬盘驱动器或通道控制器出现故障时，能使用另一个通道上的硬盘而不影响系统的运行。

磁盘冗余阵列（RAID）。磁盘冗余阵列简称磁盘阵列，可采用硬件或软件的方法实现。RAID 由磁盘控制器和多个磁盘驱动器组成，由磁盘控制器控制和协调多个磁盘驱动器的读、写操作。根据使用的 RAID 级别，一个数据文件可以采取不同的方式写入多个磁盘，从而提高性能。

（四）访问控制

访问控制机制是纵深防御中一道有效而有价值的防线。大部分攻击者最终的目标就是为了获得其不应该获得的资源。访问控制机制就是对数据、文件和注册表等资源进行保护。如果访问控制存在设计缺陷，攻击者就可能轻易获取到各种敏感资源。作为一个安全产品的开发者，要能够使用适当的访问控制机制保护资源。

访问控制决定了谁能够访问系统，能访问系统的何种资源以及如何使用这些资源。适当的访问控制能够阻止未经允许的用户有意或无意地获取数据。访问控制的手段包括用户识别代码、登录控制、资源授权（如用户配置文件、资源配置文件和控制列表）、授权核查。

三、软件安全技术措施

影响计算机软件安全的因素众多，要想建立一个绝对安全保密的软件安全系统是不可能的。复杂的网络中存在各种威胁，如病毒入侵、非法破译等。为了确保计算机的安全保密，应该采取以下两方面的措施：一是技术性措施，如软件安全保密、通信网络安全保密和数据库安全保密等；二是非技术性措施，如制定相关法律法规，加强各方面的管理。

第二节　软件防拷贝技术

一、软件防拷贝的概念

软件防拷贝技术是软件加密的核心技术。防拷贝技术是通过某种加密措施让一般用户利用正常的拷贝口令，甚至各种拷贝软件都无法完整复制整个软件，或者复制的软件无法正常运行。防止软件非法扩散是软件加密的最终目的，而软件防拷贝技术能够有效阻止软件的非法扩散。

二、软件防拷贝技术的发展

（一）软盘加密

软盘加密曾经是流传极为广泛的一种软件加密技术。用户在运行程序时，将加密盘插入软盘驱动器，经过软件的正确确认后才能继续执行。加密盘是一种做了特殊记号的软盘，只有购买了相应的软件才能识别这个标记。这个标记不能用一般的"复制"或"粘贴"命令复制下来。

(二)"软件锁"加密

"软件锁",又称"软件狗",是一种插在计算机并行口或 USB 口上的软硬件结合的软件加密产品。"软件锁"通过计算机并行口对发来的信息进行响应和处理。软件通过识别"软件锁"的存在与否或利用它来进行一些数据交换,从而保护软件安全。"软件锁"具有以下几方面优点。①响应与处理速度快,适合多次查询。②"软件锁"使用方便,在使用时没有明显动作,用户察觉不到其存在。③使用寿命长,用户可以随意备份数据。④兼容性比较好。由于"软件锁"遵从计算机并行口的标准,因此一般不存在兼容性的问题。但是每种软件都会有其自身的"软件锁",要想同时使用,就需要在并行口上串接多个"软件锁",导致使用麻烦。

(三)授权文件加密技术

为了确保软件不被盗版者解密,不被非授权用户盗用,软件开发商可采取授权文件加密技术,保证自身的利益。用户在使用授权文件加密的软件时,在软件第一次运行时,会依据计算机的硬件参数给出软件带有硬件特征的机器号文件,用户需要将文件发送给软件开发商,软件开发商将授权文件发送给用户,用户再将其拷贝到计算机上。授权文件加密技术具有以下优点。①不同计算机的授权文件不同。用户获得的授权文件只能在一台计算机上注册使用,即使更换操作系统,授权文件也能够使用。②使用方便可靠。③可以未注册的软件为演示软件,运行一段时间后,再注册成为正式软件;④适合作为采用光盘等方式授权软件的加密方案。

第三节 防静态分析技术

一、静态分析的概念

静态分析指对反汇编出来的程序清单进行分析,具体可以从以下两方面入手。

①在操作中对软件使用说明进行分析。要想破解软件,首先应该应用软件,可以阅读软件的使用说明,从中寻找信息。

②从提示信息入手进行分析。大多数软件在设计时,都采用了人机对话的方式。人机对话就是在软件运行的过程中,需要有用户选择的地方,即软件显示相关信息,等待用户选择。在执行了一段程序后,显示提示信息,反映出程

序是正常运行还是错误运行,或者提示用户进行下一步操作。

基于以上两方面分析,再对静态反汇编出来的程序清单进行阅读,可了解软件的编程思路。

二、防静态分析的方法

防静态分析就是对抗反编译程序,让其无法或很难对软件进行反编译。即使编译成功,也无法读懂代码。通常被加密的软件有可执行的 *.ext 或 *.com 文件,被称为机器代码程序,它们不像汇编语言源程序那样能直接被编辑和阅读。如果某一软件具有反拷贝的功能,就可以阻止软件被非法拷贝。

(一)加壳/压缩程序

加壳是最早出现的一种专用加密软件技术,现在越来越多的软件发布时都对自身进行加壳保护。在一些软件中,有一段专门负责保护软件不被非法修改或反编译的代码。它们一般先于程序运行,首先拿到控制权,在执行过程中解密、还原原程序,然后再把控制权还给原程序,执行原有代码部分。这段代码可以比较有效地防止破解者对程序文件的非法修改。这段代码与自然界的壳在功能上有许多的相似之处,因此人们将这样的代码称之为壳。

加壳的对象是可执行文件 .exe 或 .dll。很多加壳/压缩程序为了阻止非法跟踪和阅读,加密变换了执行代码中的大部分内容,只有很短的一段程序是明文。在运行加密程序时,采用逐块解密、逐块执行的方法,首先运行最初的一段明文程序,该程序既要阻止跟踪任务,还要负责下一块密文的解密。

(二)添加花指令

反汇编是程序静态分析的主要手段之一,一个没有任何反汇编对抗措施的程序,很容易完整地被反汇编程序转换为真实的汇编代码。因此,软件作者可能会在代码中加入一些特殊数据来扰乱反汇编程序,使其无法正确地转化出真实的反汇编代码,这些特殊数据称为花指令。花指令是对抗反汇编的有效手段之一,错误的反汇编结果会造成破解者的分析工作大量增加,进而阻止其理解程序的结构和算法,他们也就很难破解程序,从而达到软件的自我保护目的。除了正常软件之外,这一技术也常被恶意软件所采用。

(三)自修改代码技术

自修改代码技术广泛应用于软件保护领域,其在程序中对部分代码进行压缩、加密或者变换,执行时再对其进行解压、解密或者代码修正,增加代码静态分析的难度，可有效防止软件破解者使用逆向工程工具（如常见的反汇编工具）对程序进行静态分析，增加破解者对受保护代码分析理解的难度。因此对于采用自修改代码技术保护的代码，仅通过静态分析技术难以将其还原，如果要了解被修改的代码的功能，需要动态跟踪或者分析编写对应代码进行还原。

（四）加密与多态、变形

在早期的病毒中，一般都不采用加密技术，更没有采用多态和变形对病毒的主要代码进行变形的。尽管一些病毒采用了花指令，但还是能够比较容易地被反汇编出来。为了加大静态反汇编的难度，同时不断改变病毒个体的静态特征，编制者采用了病毒加密技术。

病毒的简单加密指对病毒部分或全部主体代码采用固定或者变化的密钥进行加密，这样静态反汇编出来的代码就是经过加密处理过的，而随机密钥的采用，将导致病毒自身的静态特征千变万化，因此在某些程度上可以起到保护病毒程序的目的。之后的病毒代码（即代码明文）也是一样的，其可能被反病毒软件所定位和检测，为了增加检测难度，其解密代码以及原始病毒代码都可进行变换。这些变换包括以下几方面。

①随机插入或者减少垃圾指令。
②随机为相同功能选择不同等价代码。
③随机选择寄存器。
④改变顺序无关类代码块顺序等。

如果只是对代码量少且相对固定的解密代码进行变换，则可以预先做好各种代码变换与替代方案，这种技术叫作多态；而如果需要对代码量大且不固定的原始病毒代码进行变换，则还需要附加反汇编模块，以便引擎能够识别复杂多变的各类指令，并有针对性地采取对应的代码变换方案，这种通常称之为变形。

（五）虚拟机保护

这里所指的虚拟机，并不是 VMWare 这类虚拟机系统，主要指模拟的虚拟指令系统，其仅仅是对软件指令执行进行虚拟化。虚拟指令系统中的指令，需要放在一个解释引擎中方能执行。

利用虚拟机保护技术进行软件保护时，用户可以自己选择被保护软件中需被保护的代码，然后虚拟机保护软件用虚拟机指令系统中的相关指令替换需被保护代码对应的汇编指令，在被保护软件发布时将解释器以插件形式随同软件一起发布。这样，当被保护软件运行时，由解释器对这些虚拟指令进行解释并执行。用于软件保护的虚拟机主要由编译器、解释器和虚拟 CPU 环境组成。

第四节 防动态跟踪技术

一、防动态跟踪技术的概念

为了避免破译者的动态跟踪,软件应该采取有效的防动态跟踪措施,阻止破译者通过跟踪工具来弄清程序执行过程、加密思路以及解密算法。与软件防拷贝技术、防静态分析技术相比,防动态跟踪技术更为复杂。防动态跟踪技术需要软件开发人员了解跟踪工具的特性、系统的内部结构以及汇编技巧等。

二、防动态跟踪的方法

(一)检测调试器

检测系统级调试器,检测主要在驱动中实现。检测用户级调试器是采用微软公司提供的 dbghelp.del 库来实现对软件跟踪调试的。由于破解者可以拦截软件对调试器的检测操作,因此应将保护判断加入驱动程序中。驱动程序在访问系统资源时,受到的限制比普通程序的少,这增加了破解的难度。

(二)完整性校验

增加对软件自身的完整性检查,主要包括对内存映像以及磁盘文件的完整性检查,以避免破解者未经允许修改程序,从而达到破解软件的目的。.dll 和 .exe 之间可以互相检查完整性。

(三)重新编写运行时库

通常情况下,破解者在字符串复制等运行时库的函数上设断点,并分析其中的字符串,从而窥视程序的内部运行。对于电子文档安全管理系统来说,不用进行密码的处理,内存解密使用的是内存拷贝函数,因此需要重新编写运行时库,可以从 VC 或其他编译器的运行时库中的代码改写获得。

(四)应用程序接口函数(API)的不规则调用

对软件中 API 的调用不能采用直接调用的方法,因为这样破解者就会轻易了解软件所调用的 API,从而了解软件的工作流程。可以采用通过 .dll 的输出表来定位 API 地址的方法来调用 API。

对调试器来说，在对 API 设置断点时，是在 API 地址上添加一个 INT3 指令。因此，在调用 API 时，将 API 的前几个代码指令复制到调用出口，执行前几个代码指令，然后跳转到 API 中，这样调试器对 AIP 断点的监视就是无效的。

（五）接口与字符串

在 .dll、.com 中不使用有意义的函数接口，不使用浅显的名字来命名函数和文件。任何可能被破解者利用的字符串都不使用明文形式直接存放在可执行文件中，应该采用加密形式存放，在需要的时候进行解密。要尽可能减少对用户的提示信息，避免破解者能够直接了解软件的运行流程。例如，在检测到破解意图后，不必立即给用户提示信息，而是在系统中做一个记号，随机地过一段时间后让软件停止工作，或者假装在正常工作但在处理的数据中加入垃圾。

（六）检测输入表与输出表

定期检查软件各个模块的输入表和输出表是否一致，检查输入表和输出表中的函数地址是否处于对应模块的内存区域中，避免破解者采用 HOOK API 的方法对软件进行破解操作。

（七）加壳

采用两种以上的不同的工具来对程序进行加壳压缩，并尽可能地利用这些工具提供的反跟踪特性。对软件的密码部分进行反汇编，不进行动态跟踪分析，是不可能进行解密的。

第五节 软件保护与工具

一、软件保护建议

①在软件发布之前，要将可执行程序进行加壳压缩，避免破解者直接修改程序。在时间允许和技术能力足够的情况下，最好自己设计加壳压缩的方法。如果采取现有的加壳工具，最好不采用比较流行的工具。因为这些工具一般已经被广泛且深入地研究过，有了通用的脱壳方法。此外，最好采用两种以上的工具对软件进行加壳压缩，并尽可能地利用这些工具的反跟踪特性。

②除了自己设计加壳压缩方法外，还需要在软件中嵌入反跟踪代码，提高软件的安全性。

③不采用一目了然的名字来命名文件和函数。任何与软件保护相关的字符

串都不能以明文形式直接存放在可执行文件中。

④如果采用注册码的软件保护方式，应该为一机一码，即注册码与机器特征相关，一台机器的注册码无法在另一台机器上注册，这样能够有效防止散播注册码。注册码不必局限于硬盘序列号，可以利用相关工具修改其值。

⑤将安装时间、注册码等记录在多个不同的地方。检查注册信息与时间的代码越分散越好。不要调用同一个函数，避免破解者破解修改一个地方就能够破解整个软件。在检查注册信息时，可以插入无用运算误导破解者，在检查出错误的注册信息后加入延时。

⑥不依赖 GetSystemTime()、GetLocalTime() 等众所周知的函数来获取系统时间，可以通过读取重要系统文件的修改时间来获取系统时间。

⑦如果有条件的话，可以采用联网检查注册码的方法。相关数据在网络上传输时要注意加密。

⑧给软件加入一定的随机性，如除了启动时要检查注册码外，还可以在软件运行的某个时刻随机检查注册码。进行随机检查能够有效防止那些模拟工具，如软件狗模拟程序。

⑨如果软件的试用版和正式版是分开的两个版本，而且试用版没有正式版的某些功能，那么就不能单纯将相关菜单变灰，而是要彻底删除相关的代码，让编译后的程序中没有相关的功能代码。

⑩如果软件中包含驱动程序，最好将保护判断加入驱动程序中。驱动程序在访问系统资源时受到的限制较少，留给软件设计者发挥的空间。

二、加壳工具

（一）AsPack

AsPack 只能压缩 .exe 或 .dll 文件，但是用该软件压缩过的软件不用解压缩，也不需要原文件，可以直接使用，能够节省大量的磁盘空间。AsPack 的特点是使用方便、压缩速度快、压缩率高、出错率低。AsPack 支持多种语言版本。AsPack 有备份原文件、压缩文件、显示压缩比等一系列功能。选择测试后，AsPack 还会将压缩后的文件运行，如果运行正常，就可以将备份的文件删除，以节省磁盘空间。此外，AsPack 还提供了鼠标右键菜单的功能，为压缩工作提供了便利。

（二）幻影

幻影可以加密 .exe 和 .dll 等可运行文件，它为程序加上了一层保护壳，以对抗静态分析与动态跟踪，还可以为程序设置限制注册功能。即使程序没有源代码，也可以利用幻影给程序上加上运行次数限制、运行天数限制和有效日期限制等。幻影具有以下特点。

①动态生成加密密码、加密程序的代码和数据。
②解密在内存中进行，不在硬盘中写入已解密程序。
③压缩程序的代码和数据，减少占用空间。
④对抗所有的反编译工具。
⑤程序的完整性校验，防止修改。
⑥对抗所有已知的内存还原工具。
⑦对抗所有已知的跟踪分析工具。
⑧可为软件加上运行次数限制、运行天数限制、运行有效日期限制，需要注册才能解除限制。
⑨根据每台不同电脑算出不同注册码，注册码只能在本机有效。
⑩提供接口函数，可让程序查询注册状态。

第七章 电子商务安全技术

随着电子商务在全球范围内普及和推广,人们也越发地关注电子商务所涉及的资金流和信息流的安全问题。在电子商务方面,大多数用户最关心的是交易的安全可靠性。因此,如何维护电子商务交易中数据和资金的安全成为交易者需要考虑的首要问题。本章分为电子商务的安全要求、电子商务的网络安全技术、交易安全技术以及电子商务交易的安全标准四部分。

第一节 电子商务的安全要求

一、电子商务的基本概念

(一)电子商务的定义

电子商务,从字面上看是在进行商业贸易活动时使用电子手段。其英文一般使用"Electronic Commerce",简写为"EC",或者"Electronic business",简写为"EB"。

国际商会于1997年在法国巴黎举办了世界电子商务会议,并从商业的角度对电子商务的概念进行了总结,即认为整个贸易活动实现电子化就是电子商务。从涵盖范围方面说,电子商务是交易的各方在进行各种形式的商业交易时,不能通过直接面谈或当面交换的方式,而要以电子交易的方式进行;从技术方面来说,电子商务可以被定义为是众多技术的集合,其中包含了获得数据技术、交换数据技术及自动捕获数据技术等。

此外,电子商务的业务涵盖了销售、信息交换、电子支付、售前售后服务、组建虚拟企业等内容。

如今社会已经开始广泛关注电子商务的各种特点,其作为新生的事物,在人们的认知中还没有一个较为统一的概念,并且直到今天还没有一个较为全面的、具有权威性的、能够为大多数人所接受的电子商务的定义。不同的组织、公司、学术团体和政府等电子商务的推动者或参与者，依据对电子商务的需求和认识从不同的角度对电子商务的定义有着不同的概括。

1. 政府、协会或国际组织

（1）美国政府

美国政府在它的《全球电子商务纲要》中，曾对电子商务有过较为笼统的概述，其认为电子商务指的是各项商务活动都是在Internet进行的，包含了支付、交易、广告和服务等活动，这种电子商务模式将会推广至全球各国。

（2）经济合作和发展组织

这一组织将电子商务定义为，其是在开放网络中发生的，包括企业与消费者、企业与企业之间的商业交易。

（3）加拿大电子商务协会

这一协会对电子商务的定义是比较严格的，即电子商务在进行服务与商品的买卖、资金的转账方面是通过数字通信的技术进行的。

（4）全球信息基础设施委员会

关于电子商务的定义，该委员会在《电子商务工作委员会报告草案》中做出了解释，即电子商务是一种经济活动，其手段是电子通信，并通过这种方式使人们购买、宣传和结算那些带有经济价值的产品与服务。这种交易方式并不会受到资金、地理位置和零售渠道所有权等问题的限制，是各种社会团体、公民、公司、政府组织和企业家们都可以参加的经济活动，其中包含了工业、渔业、林业和农业等行业。其在世界范围内能够让产品实现交易的目的，还能为消费者提供各种各样的选择。

（5）世界贸易组织（WTO）

WTO认为电子商务在生产、销售、营销和流通时是通过电信网络进行的，这里所指的不仅仅是在Internet的交易，还包括了所有利用电子信息技术进行的商务活动。

2. 公司

（1）IBM

该公司将对电子商务的概括分成了三部分，分别是企业外部网、企业内部网和电子商务。其重点是网络计算环境下的商业化应用，除了一般意义中狭义的电子商务，以及软件与硬件的结合，更多强调的是将卖方、买方、合作伙伴和厂商结合对企业的内外部网和互联网的应用。

（2）惠普公司

提出电子业务、电子商务、电子消费和电子化世界这一概念的就是惠普公司。其表明电子商务是在电子化的手段之下，对商业贸易活动进行实现的一种方式，人们可以通过这种方式交换物品与服务，同时它也是客户与商家间联系的纽带。在这之中有两种基本形式，一种是商家之间的电子商务，另一种是商家和最终消费者之间的电子商务。在电子业务的定义方面，指新型的业务开展手段，是以 Internet 的信息结构为基础，利用电子业务让公司、合作伙伴、供应商和客户之间能对信息实现共享，从而能有效地实施现有业务，还能快速响应市场内的动态因素，调整当前业务的进程等。最应强调的是，电子业务也将使更多、更新的业务运行模式在企业中创造出来。在电子消费的定义方面，指人们在进行学习、娱乐、工作和购物等活动中均使用了信息技术，使得许多家庭娱乐的工具从传统电视转变为 Internet。

（3）通用电气公司

该公司认为电子商务是通过电子方式进行商业贸易的，分成了企业与消费者间的电子商务，以及企业之间的电子商务。其中，前者的主要服务提供手段是 Internet，Internet 用来实现服务提供方式、公众消费和相关付款方式的电子化；而后者的核心技术为 EDI，主要手段是增值网和 Internet，是配合企业内部的电子化和实现企业间业务流程的电子化的生产管理系统，使企业从生产、库存和流通各环节的效率都有所提高。

（二）电子商务的内涵

1. 电子商务的前提是商务信息化

商务信息化是一项革命性的进步。人类的文明史表明，之前创造工具和发明技术是为了开发自然界的物质和能源，但不能忽视的是，很多自然界的能源都是不可再生的，是非常有限的。电子信息技术进行发明创造的代表是电子计算机，针对的主要是人的智力开发和获取知识方面，其是对人类和自然信息进行采集、加工处理、储存、传输和分发的工具，在它的帮助下，人类可以不断继承、挖掘前人的经验、教训和智慧，可以大大地扩充人类知识，可以帮助人们走出一条集约化、内涵式和节约型的，发展社会文化与物质的理想之路。

2. 电子商务的核心是人

电子商务作为一个社会系统，其中心一定是人。在之前的定义中并没有确切地提到过人的知识、技能和作用，仅仅是强调了电子工具和流水线。商务才是电子商务的出发点与归宿，其中心是人或者人的集合。电子工具的系统化应用也只能是人，并且人在从事电子商务方面必须一个能够对现代信息技术有所掌握，也能对现代商务技能有所把握的复合型人才。

3. 电子商务的交换对象为信息化的商品和服务

过去的商务活动只是主要针对实物商品进行的，而如今的电子商务则是先将商品由实转虚，在形成信息化之后再进行储存、整理、传输与加工。

（三）电子商务的特点

1. 交易虚拟化

交易虚拟化指通过计算机进行贸易时的代表是 Internet，贸易的双方不需要当面进行贸易磋商、签订合同和支付，这些都是可以通过互联网完成的。从卖方的角度看，他们能在网络管理机构中申请域名，并制作主页，组织自己的产品信息投放到网上；而买方则可以通过网上聊天和虚拟现实等新技术，对产品进行选择并将信息告知卖方。这一系列交易的进行依靠的都是网络这个虚拟的环境，双方通过信息的互动，签订电子合同并完成交易，最终进行电子支付。

2. 交易成本低

（1）信息成本降低

距离如果越远，就表示信息在网络上传递的成本，相较于电话、传真和信件来说就越低。

（2）交易成本降低

买卖双方在进行商务活动时依靠的网络，中间没有中介者参与进来，因此交易的一些环节就有所减少。通过互联网，卖方可以对产品进行宣传与介绍，这样一来，就省去了传统做广告时分发印刷品等大批的费用，电子商务的特点之一就是可以实现无纸贸易，文件处理的费用可减少 90%。

（3）库存成本降低

买卖双方可以利用互联网及时沟通相关的供需信息，真正实现无库存销售。

（4）管理成本降低

企业的"无纸办公"可通过内部网实现，不仅对内部信息传递的效率有所提高，还节省了时间。利用互联网可以联系起公司总部、代理商和分布于其他国家的分公司、子公司等，对各地的市场情况及时做出反应，保证能够及时地生产与销售，并将存货的费用降低，在交货时还可利用快捷的配送公司，将产品成本降低。

3. 交易效率高

传统贸易中，因为传递信息需要通过电话、信件和传真的方式进行，所以缺少不了人的参与，并且这之中的每个环节都需要花费很多时间，有的时候人员在合作期间会产生问题，就会延误时间错过商机。但互联网将贸易的商业报文进行标准化处理，使其在世界各地通过计算机进行的自动处理和传递都能瞬间完成，并且能够争取在最短的时间内，在没有人员干预的情况下，将产品生产、原料采购、银行汇兑、需求与销售、货物托运、保险和申报等过程顺利完成。电子商务在很大程度上将交易时间缩短，对传统方式中易出错、费用高和处理慢等缺点也进行了克服，最终使交易变得非常方便和快捷。

4. 交易透明化

交易双方的整个交易过程都是在网络上进行的，其中包括交易的洽谈、签约、支付货款到交货通知等过程。信息传输的快捷与通畅，能够在一定程度上确保信息与信息之间相互核对，并避免伪造信息的流通。

二、我国移动电子商务的发展因素

随着通信技术和计算机的发展，电子商务的发展已经经历了以短讯为基础的访问技术、WAP 技术及目前的基于 SOA 架构的网页服务、智能移动终端和移动 VPN 技术相结合的第三代移动访问和处理技术三个阶段，使得系统的安全性和交互能力有了极大的提高。移动电子商务的快速发展主要来自社会、经济、技术三方面因素的驱动，这些因素相互影响，彼此促进。

（一）社会发展的驱动

一方面，社会的发展，扩大了移动应用的使用范围，使之愈加广泛，使市场更加自由，市场细分和顾客细分不断加强，可以说，社会发展是移动电子商务发展的重要推动力。另一方面，移动通信界面的不断优化，充满个性化的界面，使用户服务与信息的接入更加简单明了，满足了人们随时随地地进行商务活动的需要，从而满足了社会发展的需要。

（二）经济需求的驱动

对于电子商务的发展来说，经济发展是其中必不可少的驱动力。电子商务发展的影响因素有：市场对电子商务的需求、电子商务对传统商务方式的可替代性、网络发展的正面促进、移动设备和专用软件的售价不断降低等。正面的网络形象、极具吸引力的内容和功能、移动服务的低成本和合理的价位都可以带动移动商务的迅速发展。

（三）技术进步的驱动

从技术的角度看，推动电子商务发展的因素主要有以下四个。

1. 无线应用协议的推出

Internet 自 WAP 出现，开始有了一个通行的标准，WAP 也使无线终端设备接入 Internet 成为可能。移动互联能力的逐步提高、无线标准的逐步统一，促进了异构无线装置的互联和通信。尽管如此，WAP 存在的缺陷也是不容忽视的，在服务费方面，费用较高；在网站内容方面，较为贫乏；在服务内容方面，大同小异，并且缺乏个性。WAP 不仅可持续服务跟不上，更是缺少用以 WAP 服务开发和维护的进一步投资。在这种状况下，一项新的协议，新的移动 Internet 通行标准出现了，那就是 W3C，这一标准的诞生使无线装置完全接入 Web 及信息库成为现实，包括语义更加丰富的可扩展式置标语言、应用改进型层叠式表和扩展型样式语言，它们克服了 WAP 的缺点，并带来了崭新的应用。

2. 无线接入技术的快速发展

早期无线接入技术，包括时分多址、码分多址和全球移动通信系统在内，数据传输速率很低，不适于 Internet 接入。但是，随着广泛使用的通用分组无线服务、第三代（3G）和第四代（4G）无线技术的兴起与发展，无线数据传输速率有了大幅度的提升。

3. 移动终端技术的日趋成熟

从根本上来讲，移动终端技术是一个包含了三个层面技术的总称，一是手持硬件；二是无线宽带网络；三是移动应用软件。当前市场中的移动终端，包括了个人掌上电脑，以及智能手机，可以说是随处可见。这些移动终端都有一个共同的优势：使用方便，操作简单。各种智能移动终端设备不断推陈出新，移动终端用户也不断增加，在数量上大大超过互联网用户。这不仅给消费者使用移动终端进行电子商务提供了可能，还为移动电子商务提供了巨大的市场。

4. 接入费用逐渐走低

移动互联网技术相较于其他领域的通信技术而言，在投入要求方面，是较低的，势必会在发展的过程中，出现服务费大幅度下降的现象，这样一来对用户来说，会更加具有吸引力，进而推动移动商务的发展。

在以上诸多因素的推动下，移动电子商务的市场已经颇具规模，并将促进移动电子商务的迅猛发展。

三、电子商务面临的安全问题

电子商务发展的首要因素就是安全问题。随着互联网的发展,人们对安全性的要求日益增加,而在构建电子商务安全基础设施的过程中,其中最为关键之处就是用户身份鉴别。目前的电子商务存在着系统安全问题,包括了电子支付系统以及商品配送系统等的安全问题,这些问题均是当前电子商务急需解决的问题。针对移动电子商务安全性问题,可以借鉴传统电子商务在安全防范措施方面的经验,结合电子商务的特点及客观实际,研发出更加轻便高效的安全协议,如采用面向应用层的加密措施。

(一)移动通信终端威胁

与传统电子商务相比,电子商务更为安全且快捷、方便,其主要是利用移动通信终端,在网上进行所需的商务活动。所以,移动通信终端的安全问题像是一道关卡,想要顺利进入到讨论其他安全问题解决方案的一关,就需要先解决移动通信终端的安全问题。

移动通信终端的移动特性使得移动通信终端容易损坏或丢失,移动通信终端上丢失的数据资源可能被用于非法的商业活动,从而使用户的利益受到损害。移动通信终端的安全威胁:移动通信终端设备的物理安全性、移动通信终端的攻击、通信数据的破坏、电子标签(RFID)的破解等。

(二)软件病毒威胁

第一个针对诺基亚手机系统的病毒来自2004年,该病毒名叫"CABIR",又被人们称为"蠕虫病毒"。此后,各种手机病毒以及危害手机的恶意软件开始层出不穷,给人们的日常生活以及工作带来了极大的不变和危害。移动设备的安全软件也因病毒的出现而渐渐出现,但它们一般无法在第一时间保证移动设备的安全。

(三)无线网络威胁

1. 无线网络自身存在的威胁

与有线网络相比,无线网络更具开放性,有线网络会受到通信电缆以及周边地理环境的限制,无线网络更为灵活、便捷。

但事物往往是具有两面性的,在无线网络带给使用者灵活的通信时间、无限制的通信地点等益处的同时,也给使用者的隐私带来了诸多不安全因素。例如,使用者在通信期间,其所发送出的内容很容易被窃听、个人的基本信息情况极其容易被窃取，从而会被黑客冒充身份，对通信内容进行一系列的篡改等。

在整个无线通信的过程中，其通信的所有相关内容都是通过无线信道被传送的。

任何具有特定频率接收装置的人都可以获取无线信道上传输的内容。任何团体和个人都可免费试用该频段通信，且不需要申请。通信信息和数据很有可能被无线窃听，从而导致通信内容被泄露，如果用户的位置和身份遭到泄露，那么该用户就可以被无线追踪。

2. 物理安全

另一个对无线设备的特有威胁是无线设备容易被盗和丢失。针对个人而言，移动设备的丢失意味着该个人移动设备上的所有信息数据可能全部被他人所窥视。通过存储的数据，能够访问无线设备的人可以访问企业的内部网络，包括 E-mail 服务器和文件系统。目前，缺乏针对特定用户的实体认证机制是手持式移动设备的最大问题。

（四）相关法律有待完善所造成的威胁

目前，没有关于电子商务的具体的法律或条例，而现在大多数交易又都是在虚拟的网络之中进行的，因此在处理电子商务纠纷时，不能明确找出相应的法律或是相关的规章制度，最终导致使用者各方面的权益受到威胁。

四、电子商务的安全需求

（一）电子商务的可追究需求

在两者或多者间出现移动电子商务纠纷时，可通过历史信息获取交易当时的情况，从而获得解决交易纠纷的能力。可追究性的两个基本目标如下所示。

①如果仲裁者能够判断出消息的正确来源，协议符合可追究性。

②仲裁者验证接收方和发送方提供的证据，即发送方非否认证据和接收方非否认证据。

（二）电子商务的保密需求

在一次交易过程中，入侵者很难解密消息并获取重要信息（订单、账户信息），所以只能在机密信息的密钥缺乏新鲜性的情况下，从首次交易中得到密钥并应用到之后的交易，从而获得重要信息，这便是电子商务的保密性。

电子商务一般是通过密码技术，对传输的信息进行加密处理来实现其保密性的，传输的信息中包含着个人、企业或国家的商业机密，如信用卡号、用户名和密码、订货信息等，如果被窃取会造成直接经济损失或者贻误商机。

（三）电子商务的认证需求

认证指网络两端主体进行相互间的身份识别，当入侵者随意篡改原信息内容，将信息发错对象或是重发消息，出现不完整或是网络数据丢失时，不会对任何一方造成物质上的损失。例如，在进行网上购物时，对于客户来说，如何确信计算机屏幕上显示的页面就是大家所说的那个有名的网上商店，而不是居心不良的黑客冒充的呢？同样，对于卖家来说，怎样才能相信正在选购商品的客户不是一个骗子，而是一个当发生意外事件时能够承担责任的客户呢？

由此可知，认证是最重要的安全保证手段之一，在对被分布网络系统的主体进行身份识别时，接收方与发送方享有一个共同的秘密。通过核实这一共同享有的秘密，该主体可以建立另一个参与者的信任。

（四）电子商务的不可否认需求

发送方是不可对已发送信息给予否认的，而接收方同样也不可对已接收的信息予以否认，这便是不可否认。我们可以将不可否认协议视为一种具有法律效应的要求，其目的是使协议主体对自己的合法行为负责，对整个交易过程中的指令和活动不得否认。

证据一般是以签名消息的形式出现的，因此需要利用数字签名、数字证书等技术将消息与消息的发送方和接收方绑定。

（五）电子商务的完整需求

数据完整性指利用信息分类和校验等手段保证数据在整个交易过程中不被未授权者修改、建立、嵌入、删除、重复传送或由于其他原因使原始数据被更改，接收方所接收的消息正是发送方发送的消息，即完整性可以发现信息未授权的变化，防止信息的替换。

完整性一般可通过提取信息摘要的方式来保证。电子商务简化了交易过程，将人为干扰降之最低，在某种程度上也解决了一部分交易各方商业信息完整性和统一性的问题。数据输入时所出现的意外偏差或是各种欺诈行为，会使贸易各方之间的信息出现一定的偏差。

除此之外，数据在传输过程中出现的信息遗漏、重复、传递顺序的颠倒等，都会干扰贸易各方的信息，最终使贸易各方信息出现问题。而贸易中各方的信息交流是决定贸易成败的关键。也就是说，在整个贸易过程中，各方信息的完整性对整个交易以及经营策略有着直接性的影响，所以，保证贸易各方信息的完整是电子商务应用的重中之重。

（六）电子商务的公平需求

公平指合法参与者可以根据协议规范生成消息并且根据某些特定消息导出规则处理消息。公平性建立在可追究性的基础上，即如果协议不满足可追究性，那么也就意味着不满足公平性。验证该属性时，协议每进行一步都要记录一次收发消息的双方（验证是否公平的双方）在收发消息之前和之后对重要消息知晓的状态。如果消息中断（只有发送没有接收），应对比此时双方记录的内容是否相等。

五、电子商务安全问题解决方案

（一）移动终端的安全

在电子商务中保护每个连接的移动终端，以保证数据传输的安全性，防止数据的丢失或被监听。由于电子商务包括多维终端设备，以及它们有着各自的操作系统和标准，因此，相应的安全规范设计变得更加复杂化、更加难以实现。所以对终端设备进行相应的规范以及设计安全标准是必要的、不可忽视的。

（二）软件安全防范措施

在使用移动设备时，下载一些病毒防护软件，定期查杀移动设备中包含的病毒，并时常查看新型病毒信息，做到及时更换最新病毒防护软件的病毒库，为移动设备创造一个较为安全的使用环境。同时，还可以开发一些移动设备病毒防护软件。

除此之外，在使用移动设备进行电子商务过程中，尽量避免下载可疑程序，与此同时，还需要注意不可随意执行可疑程序，这样便可最大限度减小被感染概率，从而在一定程度上减少电子商务活动被危害情况发生的次数。

（三）无线网络的安全措施

通过一个确保信息的保密性和完整性的无线公共钥匙系统，建立安全无线网络环境。在移动电子商务中使用移动装置，改进管理，使用户身份与移动装置相匹配，确保用户获得授权的准确性以及移动装置的统一性。

（四）完善相关法律

由于电子商务是近些年来新兴的一项商业活动，因此，它的一些相关法律还不健全。国家电子商务法律体系应逐步建立，以保证电子商务的健康发展。

第二节 电子商务的网络安全技术

一、防火墙技术

（一）网络防火墙的概念

在古代，人们使用木质结构建造房屋时，为了防止发生火灾甚至火灾蔓延，人们将石头堆砌在房屋周围当成屏障，这种屏障就是防火墙。到了现代，人们沿用了防火墙的概念，运用防火墙来保护计算机系统中的敏感数据，避免其遭到篡改或窃取。这种防火墙是由计算机系统构成的。随着互联网的不断发展，人们对计算机的应用越来越普遍，各种计算机攻击入侵手段也相继出现。为了保护计算机的安全，人们开发出了一种防御系统，即防火墙，将其置于用户计算机和外界网络之间，所有经过计算机的数据都要由防火墙先进行判断后才能交给计算机，如果发现有害数据，防火墙会及时进行拦截，从而保护计算机安全。

从狭义角度来讲，防火墙指安装防火墙软件的路由器或主机；从广义角度来讲，防火墙还包括整个网络的安全策略与安全行为。可以说，防火墙是一个分析器、限制器以及分离器，能够监控内部网络与外部网络的活动，确保内部网络的安全。防火墙有很多形式，可以以硬件形式单独出现，也可以以软件形式运行在计算机上，还可以以固件形式设计在路由器中。

防火墙是一种有效的网络安全机制。防火墙设立的主要目的是保护一个网络不受到其他网络的攻击。一般情况下，被保护的网络是自己的或负责管理的，而需要防备的是外部网络。外部网络不可信赖，可能会有人通过外部网络对内部网络进行攻击，破坏网络安全。因而防火墙技术得到了广泛应用。为了让防火墙充分发挥作用，所有去往和来自外部网络的信息都应该经过防火墙，接受防火墙的检查。通过防火墙检查的数据，才能够进入内部网络。防火墙本身应该能够免于渗透，防火墙一旦被入侵者突破，就不能为网络提供保护。

下面说明与防火墙有关的概念。

主机。与网络系统相连的计算机系统。

堡垒主机。该计算机系统是内部网络的主要连接点，但同时又暴露给外部网络，因此很容易被攻击，必须严加保护。

双宿主主机。具有两个网络接口的计算机系统。

包。互联网通信的基本信息单位。

路由。为收到的数据包选择正确的接口并进行转发的过程。

数据包过滤。计算机系统对出入内部网络的数据包根据既定规则进行控制和操作。一般是对外部网络进入内部网络的数据包进行过滤。用户可以设定规则，指定哪些数据包可以出入内部网络。

外部网络（外网）。防火墙之外的网络，一般为互联网，默认为风险区。

内部网络（内网）。防火墙之内的网络，一般为局域网，默认为安全区。

参数网络。参数网络又称"非军事区"，是在内部网络和外部网络之间添加的一个网络，可提高安全控制。

代理服务器。代表内部网络用户和外部网络服务器进行信息交换的计算机（软件）系统，将经过审查的内部用户需求传递到外部网络服务器，并将外部网络服务器的相应内容传送给用户。

网关。网关也叫协议转换器，是网络层上一个网络连接到另一个网络的关口，用来实现网络互联。

（二）网络防火墙的特性

一个优秀的防火墙系统应该具有以下几方面的特性。

第一，任何经过内部网络和外部网络之间的数据都必须经过防火墙。这是防火墙所处位置的特性，也是前提。只有当内部网络与外部网络的唯一通信通道是防火墙时，才能更有效地保护内部网络。

第二，只有防火墙的安全策略允许的数据，即被授权的合法数据，才能通过防火墙。防火墙首先要确保网络流量的合法性，然后将网络流量快速地从一条链路转到另外的链路上。防火墙具有两个网络接口和两个网络层地址，将网络流量通过网络接口进行接收、上传，在协议层进行安全审查，将通过审查的报文从网络接口送出，阻断不能通过审查的报文。从这个角度来看，防火墙跨接在多个网段之间，在报文转发过程中进行报文审查。

第三，防火墙不受各种攻击的影响。防火墙之所以能够保护内部网络安全，是因为其具有强大的抗攻击免疫力。防火墙位于网络边缘，与边界卫士相似，随时都可能遇到黑客的攻击，因此，防火墙应该具备足够的抗入侵能力。防火墙系统所具有的完整信任关系的操作系统是其具有强大本领的缘由。此外，防火墙还应该具有较低的服务功能，除专门的防火墙嵌入系统外，没有其他程序在防火墙上运行。但这种安全性是相对的。

第四，一个优秀的防火墙应使用最先进的信息安全技术。

第五，防火墙应该人机界面良好，用户便于使用且便于管理，管理员能够便捷地设置防火墙。

第六，通常情况下，防火墙安装在内部网络和外部网络的连接点上，以进行访问控制。防火墙既是堡垒主机、路由器以及其他网络安全设备的组合，还是安全策略的一部分。

安全策略应告诉用户应有的责任、用户认证、数据加密、病毒防护措施等。任何可能受到网络攻击的地方都应该进行安全保护。不能单纯设置防火墙系统而没有全面的安全策略。

（三）网络防火墙的功能

简单而言，防火墙是位于内部网络和外部网络之间进行访问控制的设备，防止未授权用户访问内部网络，并保证内部网络安全运行。可以说，内部网络和外部网络的划分边界是由防火墙决定的，应该确保内部网络与外部网络之间的通信经过防火墙，同时还要确保防火墙自身的安全。具体而言，网络防火墙应该具有以下功能。

1. 网络安全的屏障

防火墙为内部网络建立了一个安全屏障，它通过安全审查，筛选出可疑数据来降低风险，提高内部网络的安全性。只有通过安全审查的数据才能经过防火墙，防火墙禁止不安全的协议进入内部网络。

2. 强化网络安全策略

可以设定以防火墙为中心的安全方案，将所有的安全功能配置到防火墙上，如身份认证、口令、加密、审计等。同分散式安全管理相比，防火墙的安全管理更为集中、经济。例如，在网络访问时，身份认证系统和密钥密码系统只需要集中在防火墙上，而不必分散在各个主机上。

3. 监控网络访问和存取

任何进入内部网络的访问都必须经过防火墙，防火墙通过日志记录这些访问。一旦发生可疑情况，防火墙会立即告警，并提供探测和攻击信息。另外，防火墙还会收集网络的使用情况和误用情况，并提供网络使用情况的统计数据。统计数据的目的是了解防火墙能否抵御入侵者的探测和攻击，以及了解防火墙对网络访问的控制是否全面，并分析网络需求和网络威胁。

4. 防止内部信息外泄

防火墙根据对内、外部网络的划分，隔离内部网络中的重点网段，以免出现敏感或局部重点网络安全问题，进而影响全局网络。内部网络非常关注隐私问题，要避免内部信息外泄。内部网络中一个不引人注意的细节也可能包含有关安全的信息，暴露内部网络中的安全漏洞，会引起入侵者的注意。通过防火墙可以隐蔽那些内部网络的细节。

5. 安全策略检查

防火墙对来自外部的网络进行检测和报警，将检查出来的可疑的访问拒之网外。

二、虚拟专用网技术

虚拟专用网是用于 Internet 电子交易的一种专用网络，它可以在两个系统之间建立安全的通道，非常适合于电子数据交换。

虚拟专用网是企业内部网在 Internet 上的延伸，通过一个专用的通道来创建一个安全的专用连接，从而将远程用户、企业分支机构、公司的业务合作伙伴等与公司的内部网连接起来，构成一个扩展的企业内部网。

虚拟专用网是企业常用的一种安全解决方案，它利用不可靠的公用互联网作为信息传输媒介，通过附加的安全隧道、用户认证和访问控制等技术，实现与专用网相类似的安全性能。对于商务网站来说，虚拟专用网是一种理想的性价比较高的安全防护手段，既可以为企业提供类似专用网的安全性，同时又可以为企业节约成本。

第三节 交易安全技术

一、信息加密原理

（一）对称密钥加密算法

对称密钥加密算法的特点是，使用相同的密钥进行文件的加密和解密，换而言之，解密密钥与加密密钥可以交互使用。在这种情况下，秘密储存是算法安全性的关键。

加密密钥能从解密密钥中推算出来，反之亦然。大多数对称算法中，加、解密的密钥是相同的，这些算法也称为秘密密钥算法或单密钥算法。用这种加密技术通信时，信息发送方用加密算法 R 把明文 P 加密，得到密文 T 然后把密文通过通信网络发送给另一方；而信息接收方收到密文 T 后，可用解密算法 G 解密，重新得到原明文 P，达到密码通信的目的。

对称密钥加密算法使用起来简单快捷，密钥较短，且破译困难。但这种算法需要信使或秘密通道来传送密钥，密钥的传送和管理比较困难，因此算法的安全性依赖于密钥的秘密保存。

（二）非对称密钥加密算法

非对称密钥加密算法又名公开密钥加密算法。非对称密钥加密算法需要两个密钥：公开密钥和私有密钥。公开密钥与私有密钥是一对，如果用公开密钥对数据进行加密，只有用对应的私有密钥才能解密；如果用私有密钥对数据进行加密，那么只有用对应的公开密钥才能解密。因为加密和解密使用的是两个不同的密钥，所以这种算法称为非对称密钥加密算法。

二、移动通信技术

移动通信网络中，由于移动端比网络端的计算能力低且计算资源差，这就要求移动通信网络中的密码技术应该满足以下两个条件。

①回避一些复杂密码算法。

②使网络端和移动端的计算量产生不对称性。

（一）移动通信的概念

移动通信指移动体之间或移动体与固定体之间的通信。移动体可以是任何处于移动状态中的物体。移动通信使用户能在任何时间任何地点迅速地进行信息的交换。因此，移动通信和卫星通信、光纤通信一起被列为现代通信领域的三大新兴的通信技术手段。

（二）移动通信的特点

1. 移动性

相比于固定电话等各种在固定地点才能进行的通信方式，移动性是移动通信最大的特点。要想保持这种通信的移动状态，它必须没有线的限制，要么是纯无线的形式，要么是有线与无线通信相互结合的形式。首先，移动用户使用的移动台应适于在移动中使用，对移动台的要求就是要体积小、重量轻、操作简单、携带方便等。其次，移动台在服务区内的移动是不规则的，而且在某些系统中没有进行通话的移动台发射机是关闭的，它与交换中心没有固定的联系。因此，移动通信中的信号交换采用了其所特有的技术，如位置登记技术、波道切换技术、漫游技术等。

2. 电波传播条件复杂

移动体周围的环境是非常复杂的，电磁波在传播过程中，会产生各种传播现象，包括反射、折射、绕射、多普勒效应等，这些现象从多种方位对电磁波产生干扰，或者造成信号传播的延迟和展宽等效应。

3. 噪声和干扰严重

设备的性能优劣会影响通信质量的好坏，但是除了这一点，还有其他的影响因素，如在通行过程中，外部环境的噪声和干扰，同样会给信号的质量带来非常大的影响。最常见的干扰有互调干扰、邻道干扰、同信道干扰等。因此，有较好的抗干扰措施是对移动通信系统的基本要求。

4. 频带的利用率要求高

随着移动通信业务量需要的快速增长，频带拥挤问题成为影响移动通信发展的重要问题之一。这就要求频带利用率要高，设备性能要好。

三、数字签名技术

（一）数字签名概述

在计算机网络中传送的信息，要想做到"亲笔签名和盖章"，就需要用到数字签名。可以说，在密码技术研究的领域当中，非常重要的一个问题就是数字签名。在我们的日常生活当中，数字签名可以看成是手写签名的电子对应物，它的功能主要是以电子信息的形式，实现对用户存放信息的认证。

1. 数字签名基本概念

将要传送的报文通过一个单向函数进行处理，从而得到一个能够用来对报文来源进行确认、对报文是否发生变化进行核实的字母数字串，得到的这个字母数字串即为数字签名。这个字母数字串生成的主要目的就是用来替代书写签名或印章，并且这个字母数字串也同书写签名或印章一样，具有一定的法律效用。与传统的手写签名相比，两者之间存在着非常大的差异，具体如下：

①数字签名不能被视为被签署文件中的一个物理组成部分，但手写签名却可以。

②数字签名非常容易被拷贝，但手写签名却恰恰相反。所以，一定不要对一个数字签名进行重复使用。

③手写签名的验证方式主要是通过与一个真正的手写签名进行比较，数字签名的验证方式主要是通过一个公开的验证算法。

数字签名的签名算法至少要满足以下几个条件。
①签名者事后不能对自己的数字签名进行否认。
②接收方只能验证。
③不管是接收方还是发送方，都不能对相关信息进行伪造。
④对于签名的真伪，一旦双方发生争执，就会有第三方进行仲裁。

2. 数字签名应具有的性质

通信双方在一个保密通信系统当中，其中的任何一方都有可能出现欺骗或者伪造的行为，这时候使用数字签名技术就可以有效地解决这个问题。通常情况下，通信双方在进行通信时可能存在多种形式的欺骗或伪造行为，常见的有以下几种。
①发送方对自己曾发送过的某些信息给予否认。
②接收方自己伪造了一个信息之后，声称是发送方发送过来的信息。
③在网络上，有些用户冒充另外一个用户接收或发送信息。
④接收方在收到信息之后，擅自对信息进行篡改。

这些欺骗在实际生活中都有发生可能，例如，在进行电子资金传输的过程中，收款方故意将收到的资金数减少，并声称发送方发送过来的时候就是这个数目；再如，用户采用电子邮件的方式将一笔业务的指令发送给他的证券经纪人，如果今后这笔业务出现了赔钱的情况，那么该用户很有可能就会不承认自己曾经发出过相应的指令。由此可见，让数字签名越来越完善是多么的重要，而一种趋于完善的数字签名必须具备以下特点。
①签名者一旦进行签名之后，就不能对自己的签名给予否认。
②除了签名者之外的任何人都不能对签名进行伪造，也不能擅自篡改、伪造接收或发送的信息。
③为了在发生争议时能够更好地解决，签名必须能够由第三方验证。
④签名必须是依赖于被签名信息的一个位串模式。
⑤从计算复杂性意义上来看，伪造数字签名具有不可行性，主要包括以下两个方面：第一，对某个已有数字签名构造新的信息；第二，对某个给定信息伪造一个数字签名。
⑥能够实现在存储器中保存一个数字签名副本。
⑦为了有效防止双方出现伪造和否认的行为，签名必须使用一些对发送者来说是唯一的信息。
⑧生成该数字签名时必须相对容易一些。

⑨对该数字签名进行识别和验证时必须相对容易一些。

3. 数字签名的设计原理

数字签名的设计主要依靠单向陷门函数或身份识别协议，通过非交互零知识证明机制转化而来。

单向陷门函数是一种较为直接的构造方法，签名人往往会将陷门信息作为私钥，而拥有了私钥以后，也就意味着签名具有真实性。这种单向陷门的数字签名，主要是基于以下两条最基本的假设。

①只有私钥的拥有者才能获得私钥，由此可见，私钥具有很强的安全性。

②只有使用私钥，才能产生数字签名。

虽然现在还没有任何证据可以证明数字签名具有安全性，但是如果没有遵循以上两种假设，换句话说就是没有使用数字签名算法，而是使用了未知的算法。如果没有使用私钥，而是使用了未知的密钥，所得到的结果依然能够被声称者的公钥解密成功的攻击例子还没有出现过。由此可见，以上两条假设的破坏是在"计算上不可行的"，所以它们才"被认为是成立的"。

4. 数字签名的设计要求

在收发双方尚未建立起完全的信任关系且存在利害冲突的情况下，数字签名技术是解决这一问题的有效途径。数字签名应满足下列要求。

①签名是可信的。也就是说，任何人都能够对签名的有效性进行认证。

②签名是不可伪造的。也就是说，合法签名者的签名是很难被伪造的。

③签名是不可复制的。也就是说，无法通过复制的方式将一个信息的签名变成另外一个信息的签名。一旦出现复制的情况，不管是谁都能够很轻易地发现其中的差距，从而可以拒绝签名的信息。

④签名的信息具有不可变性。信息一旦签名之后，就不能被随意篡改，如果发现了信息被篡改，那么信息和签名之间的不一致就能非常轻易地被人们发现。

⑤签名是不可抵赖的。签名者一旦签名，就无法对自己的签名进行否认。如果出现签名者否认签名的情况，就可以通过第三方或仲裁方来对双方的信息进行确认之后做出相应的仲裁。

为了使以上要求得到很好的满足，通信双方在发送信息时，要做到以下两点。

①防止他人伪造数字签名。

②防止发送方否认自己的签名。

之所以要这么做，目的就是最大限度地确保数字签名的真实性。

5.数字签名的使用方式

目前的数字签名都是以公开密钥体制作为基础的，可以说，它是公开密钥加密技术的另外一种应用。对于数字签名的使用方式主要包括以下几方面。

①报文的发送方从报文文本当中生成一个单向散列值或者报文摘要，在计算原始信息时会使用单向散列算法，进而会得到一个固定长度的信息摘要（实际上是一个固定长度的字符串）。当然，信息不同，得到的信息摘要也不同。同时，单向散列算法还做到了一点，那就是只要信息当中的任何一位发生了变化，重新计算出的信息摘要就会发生变化，这就在很大程度上保证了信息的不可更改性。之后，使用自己的私钥加密散列值，就能形成对方的数字签名。

②发送方对自己的私钥加密之后，会生成信息摘要，进而生成发送方的数字签名。

③将数字签名放入报文的附件当中，和报文一起发送给报文的接收方。在接收到报文以后，接收方就能根据原始报文，计算出散列值或者是报文摘要。

④用发送方的公开密钥来解密数字签名，如果得出的散列值相同，那么也就意味着这是发送方的数字签名。

⑤如果计算出的信息摘要与发送方提供的信息摘要不同，则说明接收方收到的信息是被伪造或篡改过的。

对于原始报文的鉴别和验证，主要是通过数字签名来实现的，从而确保报文的完整性和权威性，同时也能有效避免发送者对所发报文进行抵赖。数字签名机制为银行、电子商务等提供了一种非常好的鉴别方法。

数字签名和数据加密是完全独立的两个概念。如数据可以有以下四种存在形式：第一，签名和加密并存；第二，只签名；第三，只加密；第四，不签名也不加密。

（二）数字签名的实现步骤

1.具有信息摘要的数字签名的实现步骤

下面给出具有信息摘要的数字签名的实现步骤（其中包括数字签名与验证过程）。

①将信息按散列算法进行计算，从而得到一个固定位数的信息摘要值。这样就能在数学上确保只要信息的任何一位被改动，那么重新计算出来的信息摘要就会与之前计算出的不一致，从而就能保证信息不被更改。

②用发送者的私有密钥对信息摘要值进行加密,所产生的密文即称数字签名。然后这个数字签名就会和原信息一起发送给接收者。

③接收者在收到信息和数字签名之后,就会采用同样的方法计算出信息摘要值,计算出摘要值以后,接收方就会使用发送者的公开密钥来解密数字签名,得出结果之后再与之前计算出的摘要值进行比较,如果相同,则代表报文的确是由发送者发送过来的。

实现数字签名同时也实现了对信息来源的鉴别。但是,对传送的信息本身却未保密。

为了实现信息的保密性,发送方在生成信息摘要后,把这个信息摘要作为要发送信息的附件和明文信息一同用接收方的公钥进行加密,之后再将加密之后的密文一起发送给接收方。

2. 具有保密性数字签名的实现步骤

①通过单向散列算法来计算原始信息,从而得到一个固定长度的信息摘要,具体来说就是一个固定长度的字符串。

②发送方使用自己的私钥对所生成的信息摘要进行加密,发送方的数字签名也就由此生成。

③发送方会用接收方的公钥对这个作为发送信息附件的数字签名和明文一同加密,加密之后再发送给接收方。

④在收到密文之后,接收方就会用自己的私钥进行解密,解密之后就会得到发送方发送过来的数字签名和明文信息,然后用发送方的公钥来解密数字签名,再用相同的单向散列函数计算明文信息,从而得到信息摘要。如果得到的结果与发送方发送过来的信息摘要相同,则可认定数字签名来自发送方。

第四节 电子商务交易的安全标准

一、安全套接层(SSL)

SSL 协议是由网景公司制定,该协议的全称是 Secure Socket Layer。现已成为网络用来鉴别网站和网页浏览者身份、在浏览器使用者及网页服务器之间进行加密通信的全球化标准。由于 SSL 技术已建立到所有主要的浏览器和 Web 服务器程序中,因此,仅需安装数字证书或服务器证书,就可以激活服务器功能。

SSL 协议位于 TCP/IP 协议与各种应用层协议之间,为数据通信提供安全支持。SSL 协议可分为以下两层。

SSL 记录协议建立在可靠的传输协议（如 TCP 协议）之上，为高层协议提供数据封装、压缩、加密等基本功能的支持。

SSL 握手协议建立在 SSL 记录协议之上，用于在实际的数据传输开始前，对通信双方进行身份认证、协商加密算法、交换加密密钥等。

SSL 技术可以为 Web 上的两台计算机提供安全通道，其实现技术手段有如下三点。

①利用认证技术识别各自的身份。在客户机向服务器发出要求建立连接的消息后，SSL 要求服务器向浏览器出示数字证书。客户机浏览器通过验证数字证书从而实现对服务器的验证。在对服务器端的验证通过以后，如果需要对客户机的身份进行验证，也可以通过验证其数字证书的方式。

②利用加密技术保证通道的保密性。在相互验证了身份以后，浏览器端随机产生一个密钥，并用该密钥加密要传输的数据文件，产生密文，此时采用的是对称密钥加密方法（即用同一个密钥加密和解密数据）。然后用包含在服务器数字证书中的公开密钥对产生的密钥加密，把加密过的密钥和密文一起发送到服务器端，由于传输密钥只能由对应的私有密钥来解密，密钥和密文可以通过浏览器安全地抵达 Web 服务器。

③利用数字签名技术保证信息传送的完整性。在相互传送的信息上加载数字签名，从而保证信息的完整性。

遵循 SSL 协议的电子商务交易过程如下：客户首先在网上浏览商品；在决定购买后向商家的服务器发出采购订单付款信息，此时 SSL 协议开始真正介入；商家在接到顾客的订单和付款信息后，先把付款信息转发给银行，要求银行对该信息进行确认；在获得银行的认可后，商家通知顾客购买成功并开始出货，顾客可以在得到商家通知后打印交易数据，留为凭证。

SSL 协议的优点是支持很多加密算法。另外，其实现过程比较简单，独立于应用层协议，目前被大部分的浏览器和服务器内置，实现方便。目前仍有很多网上商店使用这一协议进行交易。

SSL 协议的缺点也很明显，它只能建立两点之间的安全连线（即顾客只能把付款信息先发送到商家，再由商家转发到银行），只能保证连接通道是安全的而没有其他的保证。它只保证两点之间数据的传输安全，而不能保证商家会私自保留或盗用他人的付款信息。这一个缺陷随着网上商店数目的不断增加和信誉的良莠不齐越来越突出，因而人们研制了新的协议——SET 协议。

二、安全电子交易（SET）协议

SET 协议是由维萨和万事达卡两大信用卡公司于 1997 年 5 月联合推出的。SET 协议主要是为了用户、商家和银行之间实现信用卡支付而设计的，以保证支付信息的机密、支付过程的完整、商户及持卡人的合法身份以及支付的可操作性。SET 协议中的核心技术主要有公开密钥加密、电子数字签名、电子信封、电子安全证书等。

目前公布的 SET 协议正式文本涵盖了信用卡在电子商务交易中的交易协定、信息保密、资料完整及数字认证、数字签名等。这一标准得到了惠普、IBM、微软公司等的支持，在全球电子商务支付领域得到了广泛应用，被公认为全球网络的标准，成为 Internet 上进行在线交易的电子付款系统事实上的工业标准，其交易形态将成为未来电子商务的规范。

SET 协议的主要目标包括以下几个方面。

①保障付款信息的安全。SET 协议首先要保障付款信息的安全传输，保证用户的交易数据不会被截获或丢失。

②保障付款过程的安全。SET 协议的付款过程与 SSL 协议不同，顾客虽然把信用卡账号密码等信息发往商家，但由于 SET 协议采用的特殊技术可以保障商家看不到账号密码等顾客付款信息，从而保证付款过程的信息安全。同时 SET 协议要求参与付款的各方都要提供数字证书进行身份认证，保证付款过程的信息安全。

③保证付款过程遵守相同的协议和格式标准。SET 协议提供开放的标准，规定交易的技术细节，确保不同厂商开发的应用程序只要遵守它的规范就可以相互通用，使标准达到良好兼容性并被广泛接受，可以运行在不同的硬件和软件平台上。

第八章　计算机网络管理

随着计算机网络应用的日趋广泛、网络数量和设备的日渐增加，迫切需要集成不同环境的自动化网络体系、管理工具、应用程序和智能设备等来协助管理人员管理网络，以提高系统的可靠性。本章分为网络管理的产生与作用、网络管理模型与标准、网络管理系统、现代网络管理的取向四部分。

第一节　网络管理的产生与作用

一、网络管理的产生

（一）网络管理产生的必要性

21 世纪的计算机网络处于急速发展中，无论是日常生活还是工作都离不开网络，网络已成为各行业办公、业务开展的基础平台。当前许多关系到国计民生的重要信息系统都依赖于计算机网络，如银行信息系统等。但是，随着网络规模的不断扩大，网络复杂性和异构性的特点逐渐显露出来，用传统的人工方式进行网络管理已经适应不了新时期的网络发展需要，因此，需要建立一个新的高效的网络管理系统，这是现代通信网络中需要解决的重要问题之一。

（二）网络管理的产生及发展历程

网络管理是用来对网络资源和网络活动进行各种监控、规划和控制的行为，其主要目的是通过采取这些措施保证网络性能的最优状态。网络管理技术与计算机网络的发展是相辅相成的，一方面计算机网络需要网络管理来提供强有力的保障措施，另一方面网络管理技术也随着计算机网络的发展而不断升级。早期的网络管理模式是以人工为主的网络管理，后来随着世界上第一个计算机网络阿帕网的产生，正式的网络管理系统出现，但由于当时网络正处于初步发展时期，在规模和复杂程度上依然停留在初级阶段，关于网络的各种研究也寥寥可数，因此网络管理并没有得到很多的重视。

但是随着因特网的出现，人们开始重新对网络管理关注起来，并且出台了一系列的网络管理协议和标准，这对于网络管理的发展来说具有重大的意义。

1987年，因特网核心机构IAB针对TCP/IP进行了相关网络管理方案的研究。1988年，IAB制定了互联网的管理发展策略，即采用SGMP作为短期的互联网管理解决方案，并在适当的时候转向开发CMIS/CMIP。同年，SNMP也相继发布。SGMP是SNMP的前身，它设定了监控网管的直接手段，为SNMP的开发奠定了基础。原本SNMP是被计划成为开发CMIS/CMIP的跳板，但是实际情况却是SNMP一经推出就受到了众多产品的支持，相反CMIS/CMIP却由于其代价较高和过于复杂的特点遭到冷落。尽管在后来的发展中，CMIS/CMIP总是在不断地进行修改和完善，但是SNMP已经在实际的应用环境中得到了检验和发展，并获得了数百家厂商的支持，其中就包括IBM、惠普等大厂商。目前，SNMP已成为网络管理领域中事实上的工业标准，并被广泛支持和应用，大多数网络管理系统和平台都是基于SNMP开发设计的。

SNMP最大的特点就是它操作简单，容易实现，有良好的可扩展性。但任何事物都具有两面性，SNMP的简单恰恰也是它的缺点。SNMP是基于简单和易于实现的原则上设计而成的，在信息库和功能的管理上有着一定的局限性，更适用于简单网络的管理。而CMIP则完美地弥补了这一缺陷，它能应付较复杂的网络配置，提供更加全面的管理功能。未来网络管理技术的发展趋势正逐渐向标准化、智能化以及综合化的方向发展，网络规模只会越来越大，结构会越来越复杂，因此，CMIP代表了未来网络管理的发展方向。

网络管理为计算机网络提供了有利的技术支持和管理标准，通过实施有效的网络管理，停机时间大大减少，响应时间明显改善，设备利用率也出现了提升，减少了一定的运行费用。另外，利用网络管理工具可以很快地发现并缓解网络通信的瓶颈，提高网络运行效率。在新一代的网络技术中，我们可以利用网络配置工具，及时有效地修改和优化网络的配置，使网络能够满足多种多样的网络业务。

二、网络管理的基本要素

网络管理指利用多种工具、应用程序和相关设备，帮助网络管理员监护、测试、维护网络的一种服务。网络管理涉及网络管理对象、网络管理技术、网络管理方法等基本要素。

（一）网络管理对象

1. 网络结点设备

网络结点设备就是具有网络连接性能的设备，如网关、服务器、路由器、集线器、传输设备、信令设备等。

2. 网络

在网络管理中，网络实际上表示的是一种联系，不同的网络结点设备因为网络而具有了一定的关联，并且还实现了资源的共享。

3. 网络业务

网络业务指的是呈现给网络用户的各种具有交易性质的界面服务。网络业务与之前的两种网络管理对象有所不同。例如，在形态上，网络结点设备就是实实在在的物理实体，是人们可以看得见、摸得着的。网络虽然没有像网络结点设备那样有非常显著的物理存在特征，但人们可以通过业务结点设备和传输设备感觉到。对于网络业务来说，其物理上的存在特征就不如网络结点设备和网络那样明显。

（二）网络管理技术

1.SNMP

SNMP又称简单网络管理协议，是一种基于TCP/IP的网络管理标准。随着互联网规模的不断扩大，不同厂商、不同结构的网络变得越来越复杂，它们之间开始产生了各种各样的通信问题，而SNMP的出现给这些网络制定了一个开放系统的互联网管理标准，是目前为止最受欢迎的网络管理协议。

2.CMIP

CMIP又称公共管理信息协议，是一种基于OSI框架上提出的网络管理标准。它与SNMP之间的区别是前者的通用性更好，适用于复杂网络的管理，而后者由于在设计上较为简单，因此在安全和功能上存在局限性。CMIP可以在一定程度上弥补SNMP的不足，符合未来网络管理的发展方向。

3.CORBA

CORBA又称公共对象请求代理体系结构，是一种在分布式处理环境下，解决硬件和软件系统互联互通问题的新型技术方案。CORBA技术适用于大型的网络管理，能够解决在SNMP、CMIP、WWW等协议中出现的各种集成与互操作问题。

（三）网络管理方法

1. 以网络处理方式划分

以网络处理方式可划分为基于集中处理的网络管理方法和基于分布处理的网络管理方法。

2. 以面向的网络环境划分

以面向的网络环境可划分为面向广义环境的网络管理办法和面向狭义环境的网络管理办法。

3. 以是否采用标准划分

以是否采用标准可划分为基于非标准的网络管理方法和基于标准的网络管理方法。

三、网络管理面临的挑战

随着计算机网络的广泛应用，由网络引发的社会信息化、经济全球化和企业网络化，正在对人类社会的发展产生深远影响，这也给网络管理带来了新的问题。

（一）网络规模日益庞大

现代计算机网络的规模越来越庞大，一个大型网络可能包括成百上千个LAN、几十万甚至几十亿用户，如Internet网络。这些网络通常是由网络互联设备互联起来的，其网络故障随时都可能发生，一旦出现较为严重的网络故障，就会造成不可挽回的损失。网络管理系统可以帮助网络管理人员更好地管理网络，并且随着计算机网络的发展，网络管理系统也会不断进行改进和完善，在第一时间找出问题的根源，避免网络故障的发生。

（二）网络资源和服务日益丰富

如今的网络依然处于快速发展的时期，网络服务变得越来越丰富，它从最初的简单数据的传输发展到了多媒体信息的服务，又从多媒体信息的服务朝向综合数字业务服务发展。除此之外，网络资源也越来越丰富。如何有效地配置、分配、控制和管理这些网络资源和网络服务已变得非常重要，其难度也越来越大。

（三）网络监测与维护工作日益复杂

现在针对不同的网络功能，厂商推出了不同的网络设备。网络设备分类越来越细，网络设备的操作也越来越繁杂。更重要的是，这些设备在规范标准、使用技术等方面也各不相同，这就使得网络的监测与维护工作相对复杂困难。

（四）网络安全日益重要

伴随着网络技术的不断发展，网络安全问题也随之增多，黑客入侵网络的事件时有发生，人们开始给予网络安全越来越多的关注。网络管理在维护网络安全方面，最重要的就是保证设备数据库的安全，其中包括数据库的完整性、可用性、独立性、保密性等。

四、网络管理功能

网络管理的功能可分为三部分：操作、管理和维护。

网络管理系统应保持一定的开放性，不要因一个产品而限制了整个网络管理系统的发展。它除了能将用户今天的网络环境很好地管理外，还要能配合其环境的成长。

从技术角度看，网络管理系统的发展趋势包括如下几个方面。

①高灵活性。由于网络的环境越来越复杂，网络管理系统必须具备很高的灵活性。

②高可用性。如对系统中的一些重要任务，网络管理系统应能注意到并反映出来。

③高使用性。对复杂的环境应以简单的方式完成。

④高安全性。安全性对于网络管理系统来说是十分重要的，它是保障一个网络管理系统正常运行的基本条件。

一个完善的网络管理系统通常具有以下五个方面的基本功能。

（一）故障管理

当计算机网络中的某个组成出现故障时，网络管理系统能够及时找出故障原因，并将故障排除，这就是网络管理系统中的故障管理。一般来说，产生网络故障的原因是比较复杂的，尤其是当多个网络共同引起故障时，网络管理系统很难直接将故障迅速地隔离出去。因此，对这种情况最优的解决方法是先将网络修复好，然后分析网络故障原因。

故障管理主要包含三个部分：故障检测、故障诊断以及故障纠正。首先，故障检测就是检测计算机网络系统中发生了什么故障、故障位于何处；其次，通过故障诊断找出发生故障的原因、故障纠正的可能性和具体解决办法；最后，故障纠正就是进行故障排除。

在故障管理中，故障排除的操作步骤如图 8-1 所示。

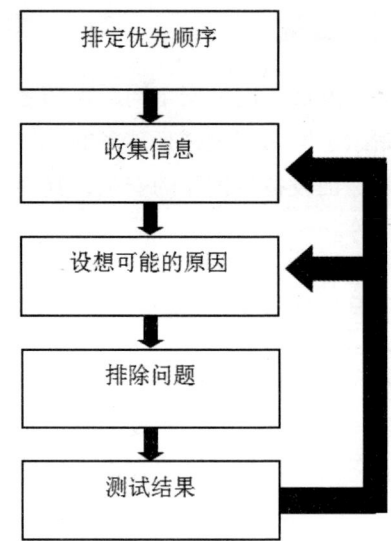

图 8-1　故障排除的操作步骤

1. 排定优先顺序

网络上出现问题时，首先要做的是根据问题的重要性与修复时间长短来排定优先顺序。重要的问题先解决，较不重要的问题则可稍后解决。有时候网络问题之间也有关联性，这时就要从其中最主要的问题着手。举例来说，网络上的某个连接设备出现故障，这时用户便纷纷回报各种网络异常状况，换掉故障的连接设备后，所有的网络问题就都解决了。此外，有些网络配置设置修改后，要将网络设备重新启动。为了不影响用户的正常操作，要等到所有的用户都下班之后才能进行这项修改。

2. 收集信息

开始着手解决问题之前，先收集该问题的相关信息。可供参考的信息越多，越有助于接下来的故障排除操作。举例来说，如果有用户抱怨无法收发电子邮件，那就要询问事情的发生时间、是完全无法收发还是收发状况时好时坏、是否有别人也遭遇同样的状况、最近修改过哪些计算机配置设置等。

3. 设想可能的原因

收集了足够的信息之后，接下来就要根据这些参考信息开始设想所有可能的原因。举例来说，会计部的张先生早上发现他无法收发电子邮件了，隔壁的李小姐也遭遇到同样的困扰，这几天他们都没有修改过任何配置设置，此时可以假设是邮件服务器出现故障或该部门的网络连接设备出现故障等。当然，在此期间还可以询问张先生和李小姐，除了无法收发电子邮件外，是否也无法浏览网站了。如果他们还可以浏览网站，那就表示网络连接正常。

4. 排除问题

设想出问题发生的可能原因后，接下来便要对症下药，根据原因来排除问题。举例来说，如果怀疑网络传输线坏掉了，那就换一条传输线试试。

5. 测试结果

实际动手排除问题后，接着便要测试结果，检查故障排除操作是否已经解决了问题。如果问题依然存在，那就要设想另一种导致问题发生的可能原因，然后再回头根据新设想的原因进行故障排除操作。举例来说，如果换过一条好的传输线后，依旧无法收发邮件，那就再检查网卡是否安装好了。如果已经试过所有设想的可能原因后还是没有排除故障，那可能就要重新回到收集数据步骤，检查是否有其他遗漏之处。

（二）配置管理

配置管理功能就是在网络建立或改造的过程中，对网络的资源配置、工作参数、使用状态、拓扑结构等实行调整配置。由于网络是经常变化的，因此调整网络配置的原因很多，主要有以下几点。

①向用户提供满意的服务。随着网络技术不断发展，网络应用呈现多样化的态势，用户需求也在发生着变化，为了向用户提供更好的服务，需要对网络设备和资源进行不断的更新，因此，就需要进行相应的配置管理，调整网络规模，使其达到最优的性能。

②适应网络业务的发展。网络业务始终处于一个不断变化和发展的过程中，如新业务的提供、旧业务的撤销、新用户的加入、旧用户的迁移、新技术的应用等，通过及时对网络进行配置管理，可以更好地适应网络业务的发展。

③避免网络故障的发生。有些时候，一旦网络设备与网络配置不相匹配时，就会发生各种网络故障，甚至在故障排除的过程中会改变某些网络的结构，造成不必要的损失。因此，定期调整网络配置就能避免网络故障的发生，为网络

提供一个安全的运行环境。

网络中包括各种各样的设备，这些设备的用途各不相同，其参数、状态和数据配置也各不同，但配置管理的最终目的都是实现网络性能的最优化。因此，可以说配置管理功能是网络管理中实施动态管理的核心，在网络管理中占据着非常重要的地位。而当配置管理软件接到网络管理员或其他管理功能设施的配置变更请求时，应首先对当前配置对象进行合法性变更操作的确认，然后再实施变更操作，最后进行变更完成的验证。

（三）性能管理

性能管理就是通过监测和分析网络运行中的各项性能指标，来判断网络服务和网络运营效率是否达到预期的水平，若性能下降或指标未达到规定指标，则启动故障功能进行调整。性能管理的主要目的就是保证网络服务始终处于指标以上的质量水平，保持网络系统良好地运行。

一般而言，网络的主要性能指标可以分为面向服务质量和面向网络效率两类，其主要指标有响应时间和传输正确率（面向服务质量的指标）；传输流量与线路使用率（面向网络效率的指标）。

1. 响应时间

响应时间主要指的是网络结点的响应时间，通过因特网包探索器进行检测，若检测出响应的时间过长，则证明此网络的性能出现了问题。除了检测网络结点的响应时间外，电子邮件收发的响应时间、浏览网页的响应时间等也是网络管理人员监控的项目。

2. 传输正确率

传输正确率指将一个文件通过网络传输出去传送回来，若传回的文件与传出的文件一致，则表示网络传输正常，传输正确率高。除此之外，网络管理人员也应通过网络管理程序定期监视网络上错误信息包的数量，以评估网络的传输正确率。

3. 传输流量与线路使用率

在网络系统中，传输连线相互连接，传输流量通过传输连线进行传输，而线路使用率则用来反映网络连线性能。若在某段传输连线中线路使用率过高（传输流量大），则表示这段传输连线的网络连线性能低，需要进行重新调整。在调整时，要尽可能预留传输带宽，这样以后网络传输流量增高时才能从容应付。否则，等到以后网络传输带宽不足以应付时再进行补救，那效果就会差很多。

（四）安全管理

安全管理功能顾名思义就是保障整个网络系统的安全，如提供安全保密机制、进行访问控制、采取风险分析等。安全管理的目标是保证网络及网络资源的完整性、可用性、保密性、可控制性等，防止网络设备、网络管理系统、网络数据受到人为或自然因素的侵害而导致网络信息的丢失、泄露或破坏。

（五）计费管理

计费管理功能指在网络运行过程中，对网络资源的使用进行记录，控制网络操作的费用和成本，避免造成网络资源的浪费。此外，计费管理还可监控网络的数据流量，帮助网络管理员分析网络使用情况和性能，以此来合理分配网络流量，保证网络高效运行。计费管理主要提供数据流量的测量、资费管理、账单和收费管理。

第二节　网络管理模型与标准

一、网络管理模型

（一）一般模型

网络管理的一般模型包括管理站、被管设备及网络管理协议三部分。

其中管理站也被称为控制台，它是整个网络管理系统的核心，主要负责管理应用程序及监视和控制网络设备，并将监测结果显示给网络管理员。管理站的关键构件是管理程序，管理程序在运行时产生管理进程，通常有较好的图形工作界面，网络管理员可以直接操作。

被管设备是主机、网桥、路由器、交换机、服务器、网关等网络设备，其上必须安装并运行代理程序，管理站就是借助被管设备上的代理程序完成设备管理的。一个管理者可以与多个代理完成信息交换，一个代理也可以接收多个管理者的操作命令。在每个被管设备上建立一个管理信息库，包含被管设备的信息，由代理进程负责 MIB 的维护，管理站通过应用层管理协议对这些信息库进行管理。

管理站与被管代理通过信息交换的方式进行工作，而这种信息交换需要通过一种网络管理协议来实现，因此，网络管理协议是这个模型的第三部分。管理站通过网络管理协议来获得被管设备的异常状态。网络管理协议本身不能管理网络，它为网络管理员提供了一种工具，网络管理员用它来管理网络。图 8-2 是管理进程/代理进程模型。

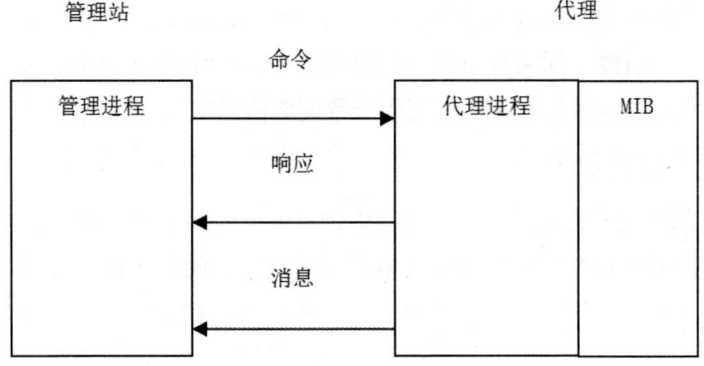

图 8-2 管理进程/代理进程模型

（二）参考模型

1.OSI 参考模型

国际标准化组织 ISO 提出了一个 OSI 参考模型（如图 8-3），该模型采用 7 层协议结构，并规定了 OSI 的管理目标。OSI 的管理目标就是控制、协调、监视处于 OSI 环境下的各种资源确保该环境下的通信完善。ISO 还定义了网络管理中的五大功能：故障管理、计账管理、配置管理、性能管理和安全管理。

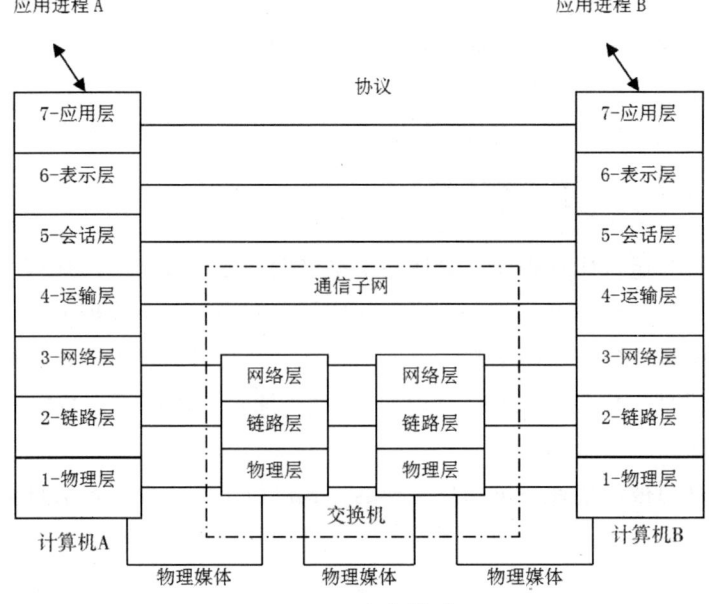

8-3 OSI 参考模型

2.TCP/IP 参考模型

TCP/IP 参考模型（如图 8-4）与 OSI 参考模型不同，它们之间最大的区别是 TCP/IP 参考模型中没有会话层和表示层，并且为了显示 TCP/IP 与具体的物理传输介质无关，在这一模型中也没有对链路层和物理层做出规定。另外，TCP/IP 参考模型中的 IP 对应着 OSI 参考模型中的网络层，二者都属于数据报协议；TCP/IP 参考模型中的 TCP 和 UDP 则对应着 OSI 参考模型中的运输层。

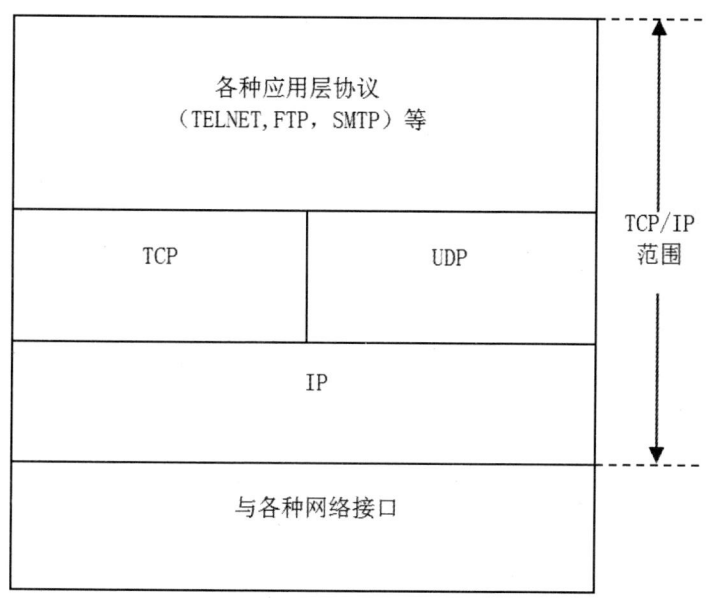

图 8-4　TCP/IP 参考模型

二、网络管理标准

网络管理标准是通过制定统一的网络管理协议来更好地满足客户的需求和实际需要。网络管理标准的作用有三点：一是使管理网络协议更加有效，二是可以接纳不同的网络管理系统，三是实现不同厂家网络设备的互联。因此，在如此复杂的计算机网络环境中，要想更好地实现大型异构计算机的管理，必须使网络管理标准化。而 ISO 早在提出开放系统互联参考模型的同时，就制定了一系列的网络管理标准、协议标准。

（一）网络管理的标准化组织

1.ISO

ISO 即国际标准化组织，这是一个世界上最大的国际标准化机构，也是一个全球性的非政府组织，它成立于 1947 年，总部设在瑞士日内瓦。ISO 关于网络管理的标准有两个，分别为公共管理信息服务协议和公共管理信息协议。

2.ITU-T

ITU 即国际电信联盟，它成立于 1865 年，目前总部在瑞士日内瓦，ITU-T 则是国际电信联盟中的电信标准化部门。ITU-T 制定了一个有组织的网络结构，它能实现操作系统之间和操作系统与电信设备之间的互联，因此应用十分广泛。

3.IEEE

IEEE 即电气和电子工程师协会，这是一个国际性的电子技术与信息科学工程师协会，是目前全球最大的非营利性专业技术协会。IEEE 制定了两个基于 TCP/IP 的网络管理协议：简单网络管理协议（SNMP）和公共管理信息协议 CMIP，其中 SNMP 是目前最流行的网络管理协议。

（二）网络管理系统的层次结构

网络管理系统的层次结构（如图 8-5 所示）主要分为两个部分：代理系统和管理站。在管理站中，位于最上面的是网络管理应用，它指的是用户根据需要开发的管理软件，这些软件在具体的网络环境中运行，可以实现特定的管理目标。位于网络管理应用下面的是网络管理框架，它是各种网络管理应用工作的基础架构，可以提供更加具体的功能，例如，提供数据库支持、提供用户接口、提供用户视图等。处于管理站第三层的是协议簇，其中既包括 OSI 和 TCP/IP 等通信协议簇，又包括专用于网络管理的 SNMP 和 CMIP 等协议。

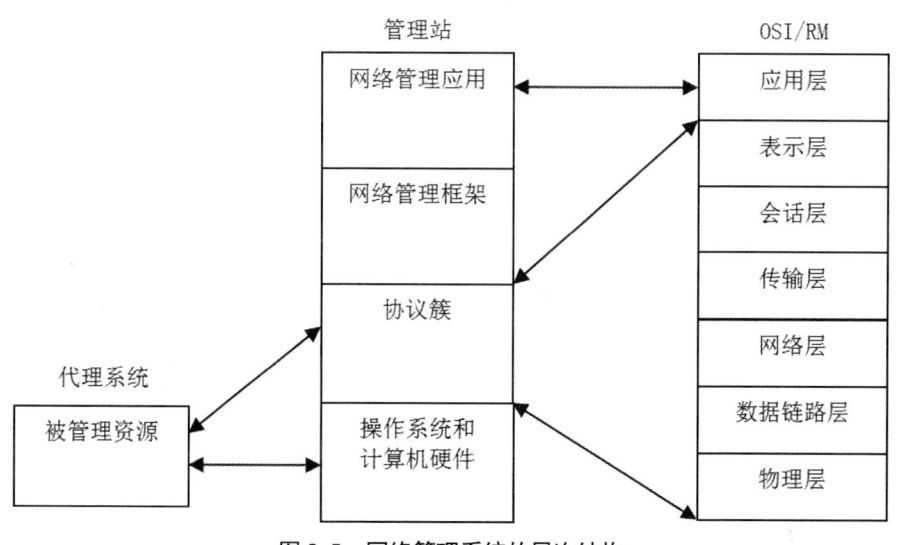

图 8-5 网络管理系统的层次结构

（三）CMIS 和 CMIP

1.CMIS

CMIS 定义了用于网络管理操作的服务元素和参数（变量），负责网络管理信息的逻辑通信，共分七类服务。

2.CMIP

CMIP 是以 OSI 参考模型 7 层协议为基础的特殊协议，可实现多厂商网络管理系统的集成，其采用管理者/代理模型，是公共管理信息服务元素之间的通信协议，规定了不同网络管理系统间的信息交换方式和规则。

（四）SNMP

由于历史和现实的原因，ISO 的网络管理标准 CMIS/CMIP 始终未得到社会的广泛支持和应用，目前符合 ISO 网络管理标准的产品几乎没有，仅为参考理念而已。而广泛应用于 TCP/IP 的简单网络管理协议（SNMP）却得到了众多网络厂商的青睐与追捧。

1.SNMP 模型

SNMP 源于 1988 年的 SNMPV1 版。后来，IEEE 又制定了 SNMPV2，该版本受到各网络厂商的广泛欢迎，并成为事实上的网络管理工业标准。目前，IEEE 已经研究和制定出了 SNMP 的第三代标准 CMOT，CMOT 实际上是 CMIP 的 TCP/IP 版，也称 SNMPV3。图 8-6 为 SNMP 的管理模型。

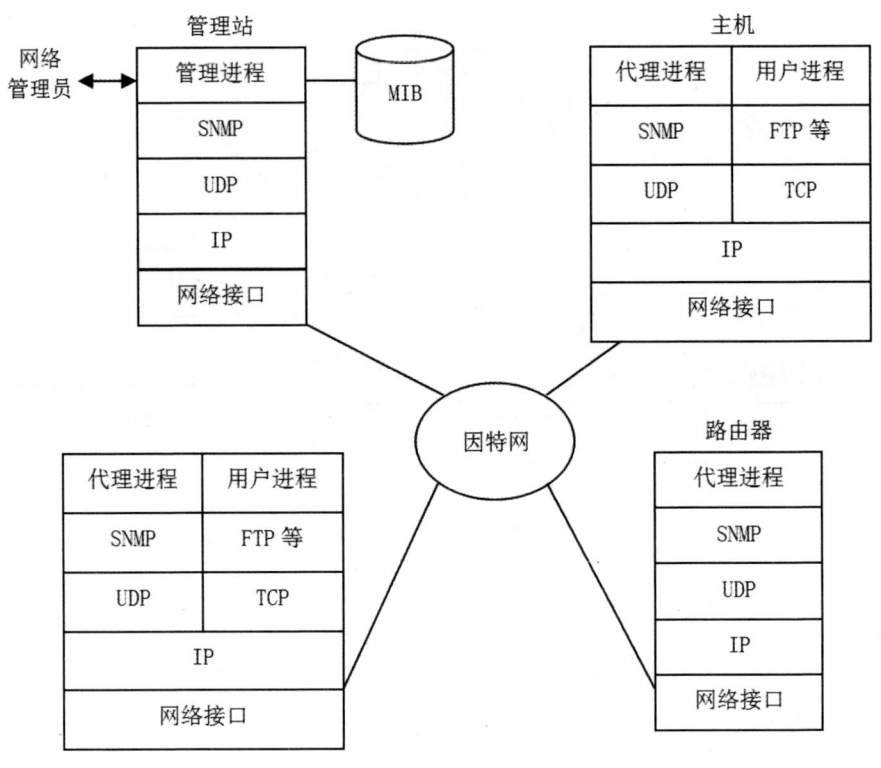

图 8-6 SNMP 管理模型

2.SNMP 体系结构的主要目标

一是保持 SNMP 体系结构的远程管理功能，使得 TCP/IP 网络资源得到充分利用。

二是保持 SNMP 体系结构的独立性，避免其过于依赖某些厂商的设备和技术。

三是保持 SNMP 体系结构的扩展性，使其更加适应未来的发展需要。

四是保持 SNMP 的经济性，使其对代理资源的要求尽可能少，代理软件成本尽可能低。

3.SNMP

SNMP 是一个异常的请求响应协议，即 SNMP 实体发出请求后不需要等待响应的到来，请求或响应的丢失由发送方负责纠正或解决。

（五）CMOT

公共管理信息服务与协议（CMOT）是基于 ISO 的网络管理标准，提供与

CMIS 相同的服务，适用于 TCP/IP 网络。CMOT 既可利用面向连接的 TCP 传输服务，也可利用无连接的 UDP 传输服务。CMOT 的体系结构如图 8-7 所示。

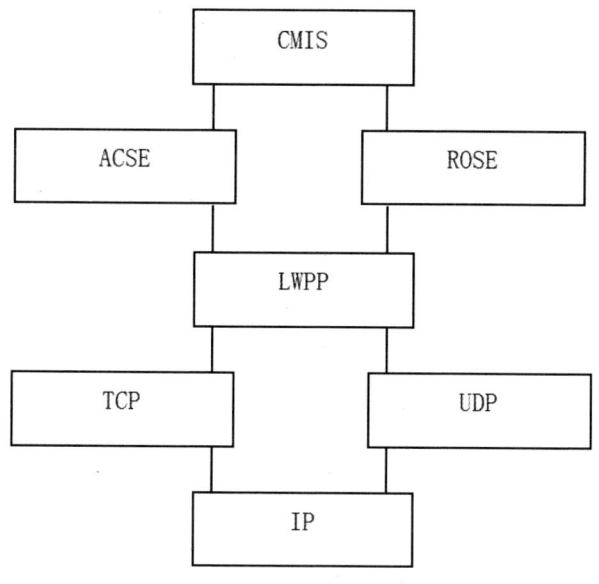

图 8-7　CMOT 体系结构示意图

（六）LMMP

LMMP 即局域网个人管理协议，这一协议可以直接进入网络且不依赖于任何特定的网络层协议，因此更易于实现。但它的不足之处是 LMMP 信息不能跨越路由器，因此只能在局域网内发展。

第三节　网络管理系统

一、网络管理系统的作用

通常，网络管理系统（NMS）就其职能而言应具有以下作用。

（一）界面友好与多厂商集成

网络管理系统应使用方便、界面友好、提供系统帮助，且允许用户设置环境。当不同厂商的网络设备用此系统进行网络管理时，其能保证可以运行第三方软件。

（二）自动发现网络拓扑结构和配置

网络管理系统还应具有自动发现网络拓扑结构的功能，并在发现后建立起网络布局影像图，自动配置相关网络结点、轮询时间及网络参数，使网络能够在最短的时间内开始运行。

（三）报警、监控与故障记录

网络管理系统应能提供灵活多样的报警方式与系统监控能力，应能自动判断所用设备、MIS 变量，按优先级调整监控等级，根据故障情况调整处理措施，适时提供相关故障记录，定期生成运行报告，以便进行及时的故障分析、跟踪、诊断和处理。

二、网络管理系统的选用要则

为了有效地管理网络中的集线器、路由器、服务器等网络设备和资源，保证网络持续、高效、可靠、稳定地运行，必须配置功能齐全的网络管理软件。选择网络管理软件时，需考虑以下主要因素。

①具有良好的开发环境，要求系统界面亲切友好。
②能自动检测、记录、报告、诊断和控制网络故障或错误。
③提供可靠的 API 接口和具有可观的扩展性。
④遵从国际标准，具有良好的兼容性，能管理不同厂商的网络设备。
⑤能支持第三方应用软件包，促进软件更具应用性。
⑥能提供优秀的善后服务，包括培训、文档和系统升级。
⑦能自动发现配置网络的拓扑结构和网络设备。

三、网络管理系统的实施

（一）布线系统与关键设备的维护

要想使网络正常且高效地运行，就必须做好网络线路的连接和设备维护工作，例如，对室外光纤通道或微波与卫星通道的维护管理、对楼内综合布线系统的维护管理等。通常用于测试和维护布线系统的主要仪器有双绞线测试仪、规程分析仪、信道测试仪等智能分析仪器，这些仪器的使用可以很好地提高布线的管理水平和管理效率，保证计算机网络的正常运行。在计算机网络中，对于关键设备的管理和维护是非常重要的，一旦这些设备出现问题，轻则数据丢失，重则网络瘫痪。因此，在对这些设备进行管理的同时还应定期做好相关的备份工作。

（二）网络运作

在实施网络运作过程中，应注意把握以下关键点。

①选用素质较高的网络管理人员，在工作前明确好相关的责任和义务。

②制定并完善网络管理制度，保证操作程序的正确和流畅。

③在运行前，做好相关的文档培训工作。

④对多种网络系统进行排查，选用其中最合适的网络管理系统。

⑤根据实际情况，制定合理的网络管理计划和方案。

（三）IP 地址管理

TCP 协议和 IP 协议为 Internet 的迅速发展立下了汗马功劳，成为 Internet 的基本协议。如今，要想使 TCP/IP 网络上的设备能够正常工作，就必须拥有一个合法的 IP 地址，而要想保持计算机网络的高效运行，也必须对 IP 地址进行合理的管理。如果对 IP 地址管理不当，就会出现 IP 地址相互冲突的状况，影响其他网络用户的使用，甚至造成数据丢失。对于各类服务器和经常上网的主机等网络设备，一般是赋予其一个固定的 IP 地址，对于那些不常上网或移动性较强的网络设备，通常依照动态主机配置协议动态配置 IP 地址，这样不仅能避免 IP 地址的浪费，更有助于网络管理员的管理。

（四）其他网络管理事务

除了网络运作、布线系统与关键设备的维护、IP 地址管理，网络管理系统还具有其他网络管理事务。例如，防火墙的设置、配置 VLAN 等。因此，如何真正管理好计算机网络，值得众多的网络管理员关注、深思与拓展。

四、SNMP 网络管理平台

具有管理者作用的网络管理平台是一个相对复杂的系统。目前支持 SNMP 标准的网络管理平台有多种，但万变不离其宗，它由四个部分构成：网络管理者、管理代理、管理信息库和通用网络管理协议。下面是两个 SNMP 网络管理平台实例。

（一）基于管理者的网络开发平台

1. Tivioli

Tivioli 系统管理工具软件是一种采用面向对象的系统分析、设计和实现技术的集成系统管理工具软件。该系统管理工具是 IBM 的 NetView 网络管理系统以及其上的应用软件。Tivioli 公司原来将惠普公司、太阳公司和 IBM 的网络管理平台都作为第三家管理模块，集成在其系统管理框架中，通过标准的网络管理协议 SNMP 可以对不同网络厂家的设备进行远程监视。

2. OpenView

惠普公司的 OpenView 是应用最广泛的网络管理平台，也是最早商用的综合网络管理系统。OpenView 既可用于 SNMP 网络管理系统的开发，也可用于 TMN 网络管理系统的开发，得到了众多网络厂商的支持，具有数据分析、自动发现网络拓扑结构图、可进行性能分析、多厂商支持和故障告警等特点。

（二）基于管理代理的网络管理工具

Cisco Works 是一个基于 SNMP 的网络管理应用系统，它能集成多种网络管理平台，如 Sun 工作站上的 SunNet Manager，HP 系列上的 OpenView 等。Cisco Works 提供以下主要功能。①自动安装与配置管理。②附设与 NetView 的接口。③离线网络分析器与 Tacase 管理器。④性能监控、实时图形与显示命令。⑤设备管理、监控与轮询。⑥进程管理器、软件设备管理器、安全管理器与通用命令管理器。

第四节　现代网络管理的取向

一、支持多种网络体系的互联

在现代网络中，呈现的是多种网络体系并存的局面，例如，ISO 的 OSI、IBM 的 SNA 等。这些网络通过 TCP/IP 互联起来，构成广域互联网络，因此，要想做好现代网络管理工作，就必须支持多种网络体系的互联。

二、支持多种网络管理体系结构

在众多网络体系中，为了便于对某些网络的管理，已经出现了专门的网络管理系统，这是网络管理的发展趋势。因此，要想实现对互联网络的统一管理，就必须支持多种网络管理体系结构，使网络管理系统可以进行更多的信息交互。

三、支持多种网络设备的管理

随着互联网的快速发展，现在针对不同的网络功能和网络服务，厂商推出了各式各样的网络设备,如路由器、终端服务器、打印服务器、调制解调器等。对于网络设备类型的划分越来越详细,网络设备的操作也越来越复杂。为了避免厂家的垄断,现代网络管理系统需要支持多种网络设备的管理功能。

四、支持多种传输介质和通信协议

现代互联网的传输介质越来越多样,不仅包括电话线、双绞线、同轴电缆等物理传输介质,还包括传输速度更快的光纤,极大地提高了网络运行的效率。此外,现代网络的通信协议也越来越多,呈现出多种通信协议并存的局面。在这样的环境下,网络管理系统要想实现对网络的统一管理就必须支持多种传输介质和通信协议。

五、具有完善和智能的网络管理功能

现代网络管理系统不仅要具备五大基本功能,即配置管理、故障管理、性能管理、计费管理以及安全管理,还要将其功能覆盖在网络规划、设计和维护的整个过程中,具有完善和智能的网络管理功能。

参考文献

[1] 梁柏松. 计算机网络信息安全管理 [M]. 北京：九州出版社，2017.

[2] 邹瑛. 网络信息安全及管理研究 [M]. 北京：北京理工大学出版社，2018.

[3] 赵建超，龚茜茹. 新编计算机实用信息安全技术 [M]. 北京：中国青年出版社，2016.

[4] 张砚春，赵立军，苑树波. 网络信息安全 [M]. 北京：北京出版社，2016.

[5] 向亦斌. 网络融合下信息网络安全管理与教学研究 [M]. 北京：科学技术文献出版社，2014.

[6] 王凤英，程震. 网络与信息安全 [M]. 3版. 北京：中国铁道出版社，2015.

[7] 叶清. 网络安全原理 [M]. 武汉：武汉大学出版社，2014.

[8] 马建峰，沈玉龙. 信息安全 [M]. 西安：西安电子科技大学出版社，2013.

[9] 李飞，吴春旺，王敏. 信息安全理论与技术 [M]. 西安：西安电子科技大学出版社，2016.

[10] 李伟超. 计算机信息安全技术 [M]. 长沙：国防科技大学出版社，2010.

[11] 谢小权，王斌，段翼真，等. 大型信息系统信息安全工程与实践 [M]. 北京：国防工业出版社，2015.

[12] 刘冬梅，迟学芝. 网络信息安全 [M]. 青岛：中国石油大学出版社，2013.

[13] 罗森林，王越，潘丽敏，等. 网络信息安全与对抗 [M]. 北京：国防工业出版社，2011.

[14] 于莉莉，闫文刚，刘义．网络信息安全 [M]．哈尔滨：哈尔滨工程大学出版社，2011．

[15] 张萍．计算机网络信息管理及其安全防护策略 [J]．信息与电脑（理论版），2018（23）：207-208．

[16] 徐滨，代玉敏．计算机及网络信息安全管理问题浅析 [J]．电脑与电信，2018（06）：44-46．

[17] 冉明．计算机网络信息安全管理分析 [J]．无线互联科技，2018，15（22）：30-31．

[18] 张俊岭．基于网络信息安全技术管理的计算机应用分析 [J]．信息与电脑（理论版），2018（17）：160-162．

[19] 孙志斌．计算机网络安全中信息管理技术的应用 [J]．数字技术与应用，2018，36（08）：180．

[20] 车永光．计算机网络的信息安全体系结构研究 [J]．信息通信，2018（07）：124-125．